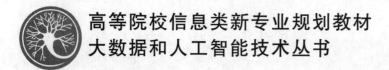

高等院校信息类新专业规划教材

大数据和人工智能技术丛书

人工智能导论

刘　刚　张杲峰　周庆国　编著

北京邮电大学出版社

www.buptpress.com

内 容 简 介

理论和实践的紧密结合是人工智能领域的显著特点。为了降低初学者的学习门槛,引导初学者了解人工智能的基本概念,并以实际应用促进感性认知,我们编写了本书。

本书共 7 章。第 1 章介绍人工智能的发展、概念以及典型应用;第 2 章介绍知识表示方法和搜索技术;第 3 章介绍 Python 编程的基本知识,作为后续内容的程序设计基础;第 4 章和第 5 章介绍分类与聚类以及回归等方法;第 6 章介绍神经网络的原理和方法;第 7 章简要介绍最热门的深度学习技术。第 4～6 章在原理讲解的同时,给出了程序示例,以增强感性认识,并引导初学者在实践中理解理论和方法。

本书可以作为人工智能、大数据及相关专业本科生的基础导论课程教材,也可以作为其他学科研究人员学习人工智能技术的参考书。

图书在版编目(CIP)数据

人工智能导论 / 刘刚,张杲峰,周庆国编著. -- 北京:北京邮电大学出版社,2020.8(2023.1重印)
ISBN 978-7-5635-6113-1

Ⅰ. ①人… Ⅱ. ①刘… ②张… ③周… Ⅲ. ①人工智能—高等学校—教材 Ⅳ. ①TP18

中国版本图书馆 CIP 数据核字(2020)第 118035 号

策划编辑:姚 顺 刘纳新 责任编辑:刘春棠 封面设计:柏拉图

出版发行:北京邮电大学出版社
社　　　址:北京市海淀区西土城路 10 号
邮政编码:100876
发 行 部:电话:010-62282185 传真:010-62283578
E-mail:publish@bupt.edu.cn
经　　　销:各地新华书店
印　　　刷:保定市中画美凯印刷有限公司
开　　　本:787 mm×1 092 mm 1/16
印　　　张:11.25
字　　　数:236 千字
版　　　次:2020 年 8 月第 1 版
印　　　次:2023 年 1 月第 2 次印刷

ISBN 978-7-5635-6113-1 定价:32.00 元

大数据和人工智能技术丛书

顾 问 委 员 会

吴奇石　黄永峰　吴　斌　欧中洪

编 委 会

前　言

20 世纪 40 年代以来，以电子、通信、计算机和网络技术为标志的第三次技术革命将人类文明带入信息时代，世界正在进入以信息产业为主导的新经济发展时期，越来越多地依靠信息资源的开发来精确调控物质资源和能量资源的使用。人工智能作为新一代信息技术的标志，是信息技术发展和信息社会需求达到一定阶段的产物。

随着 AlphaGo 的出现，人工智能得到了空前的关注，特别是在大数据、"互联网十"等技术驱动之下，已成为推动新一轮产业和科技革新的动力，占据着国家战略制高点的地位。目前，人工智能已列入我国战略性发展学科中，并成为当前的热门学科之一。面对这种形势，迫切需要编写适应当前发展要求的人工智能基础性读物，它既可以作为人工智能人才培养的基础性教材，也可作为人工智能研究、开发、应用人员从事实际工作的辅导性读物，它就是《人工智能导论》。

人工智能是一门研究机器智能的学科，即用人工的方法和技术，研制智能机器或智能系统来模仿、延伸和扩展人的智能，实现智能行为。作为一门前沿和交叉学科，它的研究领域十分广泛，涉及机器学习、数据挖掘、计算机视觉、专家系统、自然语言理解、智能检索、模式识别、自动规划和机器人等领域。

在编写本书的过程中，结合多年的教学经验，首先，我们注重教材的现代性，从目前市场上看有关人工智能导论、人工智能原理之类的教材还是很多的，但仔细探究就会发现适应当前人工智能发展需求的教材并不多，现在人工智能已进入第三个发展时期，并已形成"新一代人工智能"，这个时期人工智能的技术发展特点体现在以深度学习（特别是其中的卷积神经网络）为代表的机器学习方法的技术内容上；其次，我们注重教材的实用性，从人工智能发展的经验与教训看，应用的受限一直是人工智能发展的瓶颈，每当人工智能应用受到阻碍时就出现了人工智能发展的低潮，要保持人工智能的发展必须不断促使人们能够将人工智能相关理论方法与实践操作结合起来，这样才能使人们对于人工智能未来的发展有明晰的理解，明确今后努力的方向；最后，我们也注重教材的引导性，本书是人工智能的基础性读物，它具有"入门性"与"引导性"作用。由于人工智能是一门学科，其内容涉及从理论、开发到应用，从上游、中游到下游等多方面，但它不是一本百科全书，在编写中必须坚持其"入门性"与"引导性"原则，既要让读者对于人工智能学科有一个全面、整体、系统的了解与认识，也要在全面介绍的基础上，突出介绍具有新一代技术发展特点的机器学习内容，同时通过实例让读者能够进行实践性学习。

基于上述的考虑，本书内容紧跟人工智能主流技术，选取了机器学习领域的典型案例，培养读者思考和实践如何利用人工智能的手段解决常见的机器学习任务。同时，本书采用 Python 作为讲授计算思维和人工智能的载体。Python 语言俗称黏性语言或胶水语言，由于其语法简单、功能强大、编写简洁、可读性好，能够用简单的语法结构封装各编程语言优秀的程序代码，已成为各行业应用开发的首选编程语言。世界著名大学如斯坦福大学、卡内基梅隆大学、普林斯顿大学等都将其作为面向计算机专业和非计算机专业学生的教学语言。

本书通过案例引导的编写方式，将相关方法拆解成相对独立的单元任务，教师可以根据学生特点分层次实施不同任务，便于分层次组织教学和因材施教，同时学生也能够根据自己的兴趣，选择学习相关案例。

本书吸取了国内外同行的同类教材和有关文献的精华，这些丰硕成果是本书学术思想的重要源泉，为本书的编写提供了丰富的营养，在此谨向这些教材和文献的作者致以崇高的敬意。

本书的编写得到了世界一流大学建设高校兰州大学各级领导的支持与帮助，同时，兰州大学信息科学与工程学院的魏文浩同学做了大量的工作，在此一并表示感谢。

　　由于人工智能是一门正在快速发展的年轻学科，新的理论、方法、技术及应用领域不断涌现，对其中的不少问题，作者还缺乏深入研究。又由于作者水平有限，加之时间仓促，书中难免存在疏漏和不足之处，恳请读者批评指正。

目 录

第 1 章　绪论 ………………………………………………………… 1

1.1　人工智能的历史及概念 ……………………………………… 1

　1.1.1　人工智能的起源与历史 ……………………………… 1

　1.1.2　人工智能的概念 ……………………………………… 3

　1.1.3　人工智能的特征 ……………………………………… 4

1.2　人工智能关键技术 …………………………………………… 6

　1.2.1　机器学习 ……………………………………………… 6

　1.2.2　知识图谱 ……………………………………………… 8

　1.2.3　自然语言处理 ………………………………………… 9

　1.2.4　人机交互 ……………………………………………… 10

　1.2.5　计算机视觉 …………………………………………… 12

　1.2.6　生物特征识别 ………………………………………… 13

　1.2.7　虚拟现实/增强现实 …………………………………… 15

1.3　人工智能产业现状及趋势 …………………………………… 16

　1.3.1　智能基础设施 ………………………………………… 17

　1.3.2　智能信息及数据 ……………………………………… 18

　1.3.3　智能技术服务 ………………………………………… 18

　1.3.4　人工智能行业应用 …………………………………… 18

　1.3.5　人工智能产业发展趋势 ……………………………… 21

1.4　安全、伦理、隐私问题 ………………………………………… 21

　1.4.1　人工智能的安全问题 ………………………………… 22

　1.4.2　人工智能的伦理问题 ………………………………… 23

　1.4.3　人工智能的隐私问题 ………………………………… 24

1.5　人工智能专业课程体系 ·· 24

1.6　本章小结 ·· 26

习题 ·· 26

第 2 章　知识表示方法及搜索方法 ·· 27

2.1　知识表示方法 ·· 27

2.1.1　状态空间法 ·· 27

2.1.2　问题归约法 ·· 29

2.1.3　与或图表示法 ·· 31

2.1.4　谓词逻辑法 ·· 33

2.1.5　语义网络法 ·· 36

2.1.6　其他方法 ·· 38

2.2　搜索技术 ·· 43

2.2.1　图搜索策略 ·· 43

2.2.2　盲目搜索 ·· 44

2.2.3　启发式搜索 ·· 47

2.2.4　A* 算法 ·· 50

2.3　本章小结 ·· 52

习题 ·· 52

第 3 章　Python 编程简介 ·· 53

3.1　IPython 及其使用 ·· 53

3.1.1　IPython 控制台 ·· 53

3.1.2　语句与表达式 ·· 54

3.1.3　错误信息 ·· 58

3.1.4　模块 ·· 59

3.2　数据结构 ·· 59

3.2.1　对象和方法 ·· 60

3.2.2　列表 ·· 60

3.2.3　数组 ·· 62

3.3　程序控制 ·· 68

3.3.1　分支结构 ·· 68

3.3.2　循环结构 ·· 71

3.4　脚本 ·· 73

3.4.1　脚本设计 ……………………………………………………… 73

3.4.2　脚本执行 ……………………………………………………… 74

3.5　输入、输出与可视化 …………………………………………………… 75

3.5.1　输入与输出 …………………………………………………… 75

3.5.2　数据可视化 …………………………………………………… 78

3.6　本章小结 ………………………………………………………………… 81

习题 ……………………………………………………………………………… 82

第4章　分类与聚类 …………………………………………………………… 83

4.1　K最近邻算法 …………………………………………………………… 83

4.1.1　算法概述 ……………………………………………………… 83

4.1.2　基本思想 ……………………………………………………… 84

4.1.3　算法实践 ……………………………………………………… 84

4.2　朴素贝叶斯 ……………………………………………………………… 86

4.2.1　算法概述 ……………………………………………………… 86

4.2.2　基本思想 ……………………………………………………… 86

4.2.3　算法实践 ……………………………………………………… 87

4.3　决策树 …………………………………………………………………… 90

4.3.1　算法概述 ……………………………………………………… 91

4.3.2　基本思想 ……………………………………………………… 91

4.3.3　构造方法 ……………………………………………………… 91

4.3.4　算法实践 ……………………………………………………… 92

4.4　随机森林 ………………………………………………………………… 94

4.4.1　算法概述 ……………………………………………………… 94

4.4.2　基本思想 ……………………………………………………… 94

4.4.3　算法实践 ……………………………………………………… 94

4.5　K均值聚类算法 ………………………………………………………… 96

4.5.1　算法概述 ……………………………………………………… 97

4.5.2　算法实践 ……………………………………………………… 97

4.6　本章小结 ………………………………………………………………… 98

习题 ……………………………………………………………………………… 98

第5章　回归 …………………………………………………………………… 99

5.1　一元线性回归 …………………………………………………………… 99

5.1.1　线性关系 ……………………………………………………… 99

5.1.2　一元线性回归 ………………………………………………… 101

5.2　多元线性回归 …………………………………………………………… 106

5.3　梯度下降法 ……………………………………………………………… 108

5.3.1　梯度下降法的原理 …………………………………………… 108

5.3.2　基于梯度下降法的多元线性回归 …………………………… 110

5.4　Logistic 回归 …………………………………………………………… 111

5.4.1　Logistic 回归模型 …………………………………………… 111

5.4.2　Logistic 回归应用 …………………………………………… 113

5.5　本章小结 ………………………………………………………………… 117

习题 …………………………………………………………………………… 117

第6章　人工神经网络 …………………………………………………………… 119

6.1　感知机 …………………………………………………………………… 119

6.1.1　感知机模型 …………………………………………………… 119

6.1.2　感知机学习策略 ……………………………………………… 120

6.1.3　应用感知机进行分类 ………………………………………… 124

6.1.4　感知机的局限性 ……………………………………………… 127

6.2　多层感知机 ……………………………………………………………… 127

6.2.1　多层感知机模型 ……………………………………………… 127

6.2.2　多层感知机的训练——BP 算法 …………………………… 129

6.3　多层感知机的应用 ……………………………………………………… 131

6.3.1　多层感知机逼近 XOR 问题 ………………………………… 131

6.3.2　多层感知机识别手写数字 …………………………………… 135

6.4　其他神经网络 …………………………………………………………… 140

6.4.1　递归神经网络 ………………………………………………… 140

6.4.2　霍普菲尔德网络 ……………………………………………… 141

6.4.3　玻尔兹曼机 …………………………………………………… 143

6.4.4　自组织映射 …………………………………………………… 144

6.5　本章小结 ………………………………………………………………… 144

习题 …………………………………………………………………………… 145

第7章　深度学习 ………………………………………………………………… 146

7.1　深度学习的历史和定义 ………………………………………………… 146

7.1.1　深度学习的历史 ……………………………………………… 146

7.1.2　深度学习的定义 ……………………………………………… 148

7.2　深度学习模型 ………………………………………………………… 149

7.2.1　深度信念网络 ………………………………………………… 149

7.2.2　卷积神经网络 ………………………………………………… 151

7.2.3　长短时记忆 …………………………………………………… 153

7.2.4　对抗生成网络 ………………………………………………… 155

7.3　深度学习主要开发框架 ……………………………………………… 156

7.3.1　Tensorflow ……………………………………………………… 156

7.3.2　PyTorch 与 Caffe 2 …………………………………………… 157

7.3.3　飞桨 …………………………………………………………… 158

7.3.4　Keras …………………………………………………………… 159

7.4　深度学习的应用 ……………………………………………………… 160

7.4.1　计算机视觉 …………………………………………………… 160

7.4.2　语音与自然语言处理 ………………………………………… 160

7.4.3　推荐系统 ……………………………………………………… 160

7.4.4　自动驾驶 ……………………………………………………… 161

7.4.5　风格迁移 ……………………………………………………… 161

7.5　深度学习的展望 ……………………………………………………… 162

7.6　本章小结 ……………………………………………………………… 163

习题 …………………………………………………………………………… 164

参考文献 ……………………………………………………………………… 165

第 1 章

绪论

本章介绍人工智能的定义、发展概况及其认知观,并阐述其成功应用的领域和方法、近期的历史和未来的前景。

1.1　人工智能的历史及概念

1.1.1　人工智能的起源与历史

人工智能始于 20 世纪 50 年代,至今大致分为三个发展阶段:第一阶段为 20 世纪 50—80 年代。这一阶段人工智能刚诞生,基于抽象数学推理的可编程数字计算机已经出现,符号主义(Symbolism)快速发展,但由于很多事物不能形式化表达,建立的模型存在一定的局限性。此外,随着计算任务的复杂性不断加大,人工智能发展一度遇到瓶颈。第二阶段为 20 世纪 80—90 年代末。在这一阶段,专家系统得到快速发展,数学模型有重大突破,但由于专家系统在知识获取、推理能力等方面的不足以及开发成本高等原因,人工智能的发展又一次进入低谷期。第三阶段为 21 世纪初至今。随着大数据的积聚、理论算法的革新、计算能力的提升,人工智能在很多应用领域取得了突破性进展,迎来了又一个繁荣时期。

长期以来,制造具有智能的机器一直是人类的梦想。早在 1950 年,Alan Turing 在《计算机器与智能》中就阐述了对人工智能的思考。他提出的图灵测试是机器智能的重要测量手段,后来还衍生出了视觉图灵测试等测量方法。1956 年,"人工智能"这个词首次出现在达特茅斯会议上,标志着其作为一个研究领域的正式诞生。人工智能发展潮起潮落的同时,基本思想可大致划分为四个流派:符号主义(Symbolism)、连接主义(Connectionism)、行为主义(Behaviourism)和统计主义(Statisticsism)。这四个流派从不同侧面抓住了智能的部分特征,在"制造"人工智能方面都取得了里程碑式的成就。

1959 年,Arthur Samuel 提出了机器学习的概念,机器学习将传统的制造智能演化为通过学习能力来获取智能,推动人工智能进入了第一次繁荣期。20 世纪 70 年代末期专家系统的出现实现了人工智能从理论研究走向实际应用、从一般思维规律探索走向专门知识应用的重大突破,将人工智能的研究推向了新高潮。然而,机器学习的模型仍然是"人工"的,也有很大的局限性。随着专家系统应用的不断深入,专家系统本身存在的知识获取难、知识领域窄、推理能力弱、实用性差等问题逐步暴露。从1976 年开始,人工智能的研究进入长达 6 年的萧瑟期。

20 世纪 80 年代中期,随着美国、日本立项支持人工智能研究,以及以知识工程为主导的机器学习方法的发展,出现了具有更强可视化效果的决策树模型和突破早期感知机局限的多层人工神经网络,由此带来了人工智能的又一次繁荣期。然而,当时的计算机难以模拟复杂度高及规模大的神经网络,仍有一定的局限性。1987 年由于 LISP 机市场崩塌,美国取消了人工智能预算,日本第五代计算机项目失败并退出市场,专家系统进展缓慢,人工智能又进入了萧瑟期。

1997 年,IBM 深蓝(Deep Blue)战胜国际象棋世界冠军 Garry Kasparov。这是一次具有里程碑意义的成功,它代表了基于规则的人工智能的胜利。2006 年,在 Hinton 和他的学生的推动下,深度学习开始备受关注,为后来人工智能的发展带来了重大影响。从 2010 年开始,人工智能进入爆发式的发展阶段,其最主要的驱动力是大数据时代的到来,运算能力及机器学习算法得到提高。人工智能快速发展,产业界也开始不断涌现出新的研发成果:2011 年,IBM Waston 在综艺节目《危险边缘》中战胜了最高奖金得主和连胜纪录保持者;2012 年,谷歌大脑通过模仿人类大脑在没有人类指导的情况下,利用非监督深度学习方法从大量视频中成功学习到识别出一只猫的能力;2014 年,微软公司推出了一款实时口译系统,可以模仿说话者的声音并保留其口音;2014 年,微软公司发布全球第一款个人智能助理微软小娜;2014 年,亚马逊发布迄今为止最成功的智能音箱产品 Echo 和个人助手 Alexa;2016 年,谷歌 AlphaGo 机器人在围棋比赛中击败了世界冠军李世石;2017 年,苹果公司在原来个人助理 Siri 的基础上推出了智能私人助理 Siri 和智能音响 HomePod。

目前,世界各国都非常重视人工智能的发展。2017 年 6 月 29 日,首届世界智能大会在天津召开。中国工程院院士潘云鹤在大会主论坛作了题为《中国新一代人工智能》的主题演讲,报告中概括了世界各国在人工智能研究方面的战略:2016 年 5 月,美国白宫发表了《为人工智能的未来做好准备》;英国在 2016 年 12 月发布了《人工智能:未来决策制定的机遇和影响》;法国在 2017 年 4 月制定了《国家人工智能战略》;德国在 2017 年 5 月颁布了全国第一部自动驾驶的法律;在中国,据不完全统计,2017 年运营的人工智能公司接近 400 家,行业巨头百度、腾讯、阿里巴巴等都不断在人工智能领域发力。从数量、投资等角度来看,自然语言处理、机器人、计算机视觉成为人工智能最为热门的三个产业方向。

1.1.2 人工智能的概念

人工智能作为一门前沿交叉学科,其定义一直有不同的观点:《人工智能——一种现代方法》中将已有的一些人工智能定义分为四类:像人一样思考的系统、像人一样行动的系统、理性地思考的系统、理性地行动的系统。维基百科上定义"人工智能就是机器展现出的智能",即只要是某种机器,具有某种或某些"智能"的特征或表现,都应该算作"人工智能"。《大英百科全书》则限定人工智能是数字计算机或者数字计算机控制的机器人在执行智能生物体才有的一些任务上的能力。百度百科定义人工智能是"研究、开发用于模拟、延伸和扩展人的智能的理论、方法、技术及应用系统的一门新的技术科学",将其视为计算机科学的一个分支,指出其研究包括机器人、语言识别、图像识别、自然语言处理和专家系统等。

人工智能的定义对人工智能学科的基本思想和内容做出了解释,即围绕智能活动而构造的人工系统。人工智能是知识的工程,是机器模仿人类利用知识完成一定行为的过程。根据人工智能是否能真正实现推理、思考和解决问题,可以将人工智能分为弱人工智能和强人工智能。

弱人工智能是指不能真正实现推理和解决问题的智能机器,这些机器表面看像是智能的,但是并不真正拥有智能,也不会有自主意识。迄今为止的人工智能系统都还是实现特定功能的专用智能,而不是像人类智能那样能够不断适应复杂的新环境并不断涌现出新的功能,因此都还是弱人工智能。目前的主流研究仍然集中于弱人工智能,并取得了显著进步,如语音识别、图像处理和物体分割、机器翻译等方面取得了重大突破,甚至可以接近或超越人类水平。

强人工智能是指真正能思维的智能机器,并且认为这样的机器是有知觉和自我意识的,这类机器可分为类人(机器的思考和推理类似人的思维)与非类人(机器产生了和人完全不一样的知觉和意识,使用和人完全不一样的推理方式)两大类。从一般意义来说,达到人类水平的、能够自适应地应对外界环境挑战的、具有自我意识的人工智能称为"通用人工智能"、"强人工智能"或"类人智能"。强人工智能不仅在哲学上存在巨大争论(涉及思维与意识等根本问题的讨论),在技术上的研究也具有极大的挑战性。强人工智能当前鲜有进展,美国私营部门的专家及国家科技委员会比较支持的观点是,至少在未来几十年内难以实现。

靠符号主义、连接主义、行为主义和统计主义这四个流派的经典路线就能设计制造出强人工智能吗?其中一个主流看法是:即使有更高性能的计算平台和更大规模的大数据助力,也还只是量变,不是质变,人类对自身智能的认识还处在初级阶段,在人类真正理解智能机理之前,不可能制造出强人工智能。理解大脑产生智能的机理是脑科学的终极性问题,绝大多数脑科学专家都认为这是一个数百年乃至数千年甚至永远都解决不了的问题。

通向强人工智能还有一条"新"路线,这里称为"仿真主义"。这条新路线通过制造先进的大脑探测工具从结构上解析大脑,再利用工程技术手段构造出模仿大脑神经网络基元及结构的仿脑装置,最后通过环境刺激和交互训练仿真大脑实现类人智能,简言之,"先结构,后功能"。虽然这项工程也十分困难,但都是有可能在数十年内解决的工程技术问题,而不像"理解大脑"这个科学问题那样遥不可及。

仿真主义可以说是符号主义、连接主义、行为主义和统计主义之后的第五个流派,和前四个流派有着千丝万缕的联系,也是前四个流派通向强人工智能的关键一环。经典计算机是数理逻辑的开关电路实现,采用冯·诺依曼体系结构,可以作为逻辑推理等专用智能的实现载体。但要靠经典计算机不可能实现强人工智能。要按仿真主义的路线"仿脑",就必须设计制造全新的软硬件系统,这就是"类脑计算机",或者更准确地称为"仿脑机"。"仿脑机"是"仿真工程"的标志性成果,也是"仿脑工程"通向强人工智能之路的重要里程碑。

1.1.3　人工智能的特征

(1) 由人类设计,为人类服务,本质为计算,基础为数据。从根本上说,人工智能系统必须以人为本,这些系统是人类设计出的机器,按照人类设定的程序逻辑或软件算法通过人类发明的芯片等硬件载体来运行或工作,其本质体现为计算,通过对数据的采集、加工、处理、分析和挖掘,形成有价值的信息流和知识模型,来为人类提供延伸人类能力的服务,来实现对人类期望的一些"智能行为"的模拟,在理想情况下必须体现服务人类的特点,而不应该伤害人类,特别是不应该有目的性地做出伤害人类的行为。

(2) 能感知环境,能产生反应,能与人交互,能与人互补。人工智能系统应能借助传感器等器件产生对外界环境(包括人类)进行感知的能力,可以像人一样通过听觉、视觉、嗅觉、触觉等接收来自环境的各种信息,对外界输入产生文字、语音、表情、动作(控制执行机构)等必要的反应,甚至影响到环境或人类。借助于按钮、键盘、鼠标、屏幕、手势、体态、表情、力反馈、虚拟现实/增强现实等方式,人与机器间可以产生交互与互动,使机器设备越来越"理解"人类乃至与人类共同协作、优势互补。这样,人工智能系统能够帮助人类做人类不擅长、不喜欢但机器能够完成的工作,而人类则适合于去做更需要创造性、洞察力、想象力、灵活性、多变性乃至用心领悟或需要感情的一些工作。

(3) 有适应特性,有学习能力,有演化迭代,有连接扩展。人工智能系统在理想情况下应具有一定的自适应特性和学习能力,即具有一定的随环境、数据或任务变化而自适应调节参数或更新优化模型的能力;并且,能够在此基础上通过与云、端、人、物越来越广泛、深入的数字化连接扩展,实现机器客体乃至人类主体的演化迭代,以使系统具有适应性、稳健性、灵活性、扩展性,来应对不断变化的现实环境,从而使人工智能系统在各行各业产生丰富的应用。

以下重点介绍近 20 年来人工智能领域关键技术的发展状况,包括机器学习、知识图谱、自然语言处理、人机交互、计算机视觉、生物特征识别、虚拟现实/增强现实等关键技术。

1.2　人工智能关键技术

1.2.1　机器学习

机器学习(Machine Learning)是一门涉及统计学、系统辨识、逼近理论、神经网络、优化理论、计算机科学、脑科学等诸多领域的交叉学科,研究计算机怎样模拟或实现人类的学习行为,以获取新的知识或技能,重新组织已有的知识结构使之不断改善自身的性能,是人工智能技术的核心。基于数据的机器学习是现代智能技术中的重要方法之一,研究从观测数据(样本)出发寻找规律,利用这些规律对未来数据或无法观测的数据进行预测。根据学习模式、学习方法以及算法的不同,机器学习存在不同的分类方法。

(1)根据学习模式将机器学习分为监督学习、无监督学习和强化学习等。

- 监督学习。监督学习是利用已标记的有限训练数据集,通过某种学习策略/方法建立一个模型,实现对新数据/实例的标记(分类)/映射。最典型的监督学习算法包括回归和分类。监督学习要求训练样本的分类标签已知,分类标签精确度越高,样本越具有代表性,学习模型的准确度越高。监督学习在自然语言处理、信息检索、文本挖掘、手写体辨识、垃圾邮件侦测等领域获得了广泛应用。

- 无监督学习。无监督学习是利用无标记的有限数据描述隐藏在未标记数据中的结构/规律。最典型的非监督学习算法包括单类密度估计、单类数据降维、聚类等。无监督学习不需要训练样本和人工标注数据,便于压缩数据存储、减少计算量、提升算法速度,还可以避免正、负样本偏移引起的分类错误问题。无监督学习主要用于经济预测、异常检测、数据挖掘、图像处理、模式识别等领域,例如组织大型计算机集群、社交网络分析、市场分割、天文数据分析等。

- 强化学习。强化学习是智能系统从环境到行为映射的学习,以使强化信号函数值最大。由于外部环境提供的信息很少,强化学习系统必须靠自身的经历进行学习。强化学习的目标是学习从环境状态到行为的映射,使得智能体选择的行为能够获得环境最大的奖赏,使得外部环境对学习系统在某种意义下的评价为最佳。其在机器人控制、无人驾驶、下棋、工业控制等领域获得成功应用。

(2) 根据学习方法可以将机器学习分为传统机器学习和深度学习。

- 传统机器学习。传统机器学习从一些观测(训练)样本出发,试图发现不能通过原理分析获得的规律,实现对未来数据行为或趋势的准确预测。相关算法包括逻辑回归、隐马尔科夫方法、支持向量机方法、K 近邻方法、三层人工神经网络方法、Adaboost 算法、贝叶斯方法以及决策树方法等。传统机器学习平衡了学习结果的有效性与学习模型的可解释性,为解决有限样本的学习问题提供了一种框架,主要用于有限样本情况下的模式分类、回归分析、概率密度估计等。传统机器学习方法共同的重要理论基础之一是统计学,在自然语言处理、语音识别、图像识别、信息检索和生物信息等许多计算机领域获得了广泛应用。

- 深度学习。深度学习是建立深层结构模型的学习方法,典型的深度学习算法包括深度置信网络、卷积神经网络、受限玻尔兹曼机和循环神经网络等。深度学习又称为深度神经网络(指层数超过 3 层的神经网络)。深度学习作为机器学习研究中的一个新兴领域,由 Hinton 等人于 2006 年提出。深度学习源于多层神经网络,其实质是给出了一种将特征表示和学习合二为一的方式。深度学习的特点是放弃了可解释性,单纯追求学习的有效性。经过多年的摸索尝试和研究,已经产生了诸多深度神经网络的模型,其中卷积神经网络、循环神经网络是两类典型的模型。卷积神经网络常被应用于空间性分布数据;循环神经网络在神经网络中引入了记忆和反馈,常被应用于时间性分布数据。深度学习框架是进行深度学习的基础底层框架,一般包含主流的神经网络算法模型,提供稳定的深度学习 API,支持训练模型在服务器和 GPU、TPU 间的分布式学习,部分框架还具备在包括移动设备、云平台在内的多种平台上运行的移植能力,从而为深度学习算法带来前所未有的运行速度和实用性。目前主流的开源算法框架有 Tensorflow、Caffe/Caffe 2、CNTK、MXNet、PaddlePaddle、Torch/PyTorch、Theano 等。

(3) 此外,机器学习的常见算法还包括迁移学习、主动学习和演化学习等。

- 迁移学习。迁移学习是指当在某些领域无法取得足够多的数据进行模型训练时,利用另一领域数据获得的关系进行的学习。迁移学习可以把已训练好的模型参数迁移到新的模型指导新模型训练,可以更有效地学习底层规则、减少数据量。目前的迁移学习技术主要在变量有限的小规模应用中使用,如基于传感器网络的定位、文字分类和图像分类等。未来迁移学习将被广泛应用于解决更有挑战性的问题,如视频分类、社交网络分析、逻辑推理等。

- 主动学习。主动学习通过一定的算法查询最有用的未标记样本,并交由专家进行标记,然后用查询到的样本训练分类模型来提高模型的精度。主动学习能够选择性地获取知识,通过较少的训练样本获得高性能的模型,最常用的策略是通过不确定性准则和差异性准则选取有效的样本。

- 演化学习。演化学习对优化问题性质要求极少,只要能够评估解的好坏即可,适用于求解复杂的优化问题,也能直接用于多目标优化。演化算法包括粒子群优化算法、多目标演化算法等。目前针对演化学习的研究主要集中在演化数据聚类、对演化数据更有效的分类,以及提供某种自适应机制以确定演化机制的影响等。

1.2.2　知识图谱

知识图谱本质上是结构化的语义知识库,是一种由节点和边组成的图数据结构,以符号形式描述物理世界中的概念及其相互关系,其基本组成单位是"实体—关系—实体"三元组,以及实体及其相关"属性—值"对。不同实体之间通过关系相互联结,构成网状的知识结构。在知识图谱中,每个节点表示现实世界的"实体",每条边为实体与实体之间的"关系"。通俗地讲,知识图谱就是把所有不同种类的信息连接在一起而得到的一个关系网络,提供了从"关系"的角度去分析问题的能力。

知识图谱可用于反欺诈、不一致性验证、反组团欺诈等公共安全保障领域,需要用到异常分析、静态分析、动态分析等数据挖掘方法。特别地,知识图谱在搜索引擎、可视化展示和精准营销方面有很大的优势,已成为业界的热门工具。但是,知识图谱的发展还面临很大的挑战,如数据的噪声问题,即数据本身有错误或者数据存在冗余。随着知识图谱应用的不断深入,还有一系列关键技术需要突破。

1.2.3　自然语言处理

自然语言处理是计算机科学领域与人工智能领域的一个重要方向，研究能实现人与计算机之间用自然语言进行有效通信的各种理论和方法，涉及的领域较多，主要包括机器翻译、语义理解和问答系统等。

1. 机器翻译

机器翻译技术是指利用计算机技术实现从一种自然语言到另一种自然语言的翻译过程。基于统计的机器翻译方法突破了之前基于规则和实例的翻译方法的局限性，翻译性能取得巨大提升。基于深度神经网络的机器翻译在日常口语等一些场景的成功应用已经显现出了巨大的潜力。随着上下文的语境表征和知识逻辑推理能力的发展，自然语言知识图谱不断扩充，机器翻译将会在多轮对话翻译及篇章翻译等领域取得更大进展。

目前非限定领域机器翻译中性能较佳的一种是统计机器翻译，包括训练及解码两个阶段。训练阶段的目标是获得模型参数，解码阶段的目标是利用所估计的参数和给定的优化目标，获取待翻译语句的最佳翻译结果。统计机器翻译主要包括语料预处理、词对齐、短语抽取、短语概率计算、最大熵调序等步骤。基于神经网络的端到端翻译方法不需要针对双语句子专门设计特征模型，而是直接把源语言句子的词串送入神经网络模型，经过神经网络的运算，得到目标语言句子的翻译结果。在基于端到端的机器翻译系统中，通常采用递归神经网络或卷积神经网络对句子进行表征建模，从海量训练数据中抽取语义信息，与基于短语的统计翻译相比，其翻译结果更加流畅自然，在实际应用中取得了较好的效果。

2. 语义理解

语义理解技术是指利用计算机技术实现对文本篇章的理解，并且回答与篇章相关问题的过程。语义理解更注重于对上下文的理解以及对答案精准程度的把控。随着 MCTest 数据集的发布，语义理解受到更多关注，取得了快速发展，相关数据集和对应的神经网络模型层出不穷。语义理解技术将在智能客服、产品自动问答等相关领域发挥重要作用，进一步提高问答与对话系统的精度。

在数据采集方面，语义理解通过自动构造数据方法和自动构造填空型问题的方法来有效扩充数据资源。为了解决填充型问题，一些基于深度学习的方法被相继提出，如基于注意力的神经网络方法。当前主流的模型是利用神经网络技术对篇章、问题建模,对答案的开始和终止位置进行预测,抽取出篇章片段。对于进一步泛化的答案,处理难度进一步提升,目前的语义理解技术仍有较大的提升空间。

3. 问答系统

问答系统分为开放领域的对话系统和特定领域的问答系统。问答系统技术是指让计算机像人类一样用自然语言与人交流的技术。人们可以向问答系统提交用自然语言表达的问题,系统会返回关联性较高的答案。尽管问答系统目前已经有不少应用产品出现,但大多是在实际信息服务系统和智能手机助手等领域中的应用,在问答系统稳健性方面仍然存在着问题和挑战。

自然语言处理面临四大挑战:一是在词法、句法、语义、语用和语音等不同层面存在不确定性;二是新的词汇、术语、语义和语法导致未知语言现象的不可预测性;三是数据资源的不充分使其难以覆盖复杂的语言现象;四是语义知识的模糊性和错综复杂的关联性难以用简单的数学模型描述,语义计算需要参数庞大的非线性计算。

1.2.4　人机交互

人机交互主要研究人和计算机之间的信息交换,主要包括人到计算机和计算机到人的两部分信息交换,是人工智能领域的重要的外围技术。人机交互是与认知心理学、人机工程学、多媒体技术、虚拟现实技术等密切相关的综合学科。传统的人与计算机之间的信息交换主要依靠交互设备进行,包括键盘、鼠标、操纵杆、数据服装、眼动跟踪器、位置跟踪器、数据手套、压力笔等输入设备,以及打印机、绘图仪、显示器、头盔式显示器、音箱等输出设备。人机交互技术除了传统的基本交互和图形交互外,还包括语音交互、情感交互、体感交互及脑机交互等技术,以下对后四种与人工智能关系密切的典型交互手段进行介绍。

1. 语音交互

语音交互是一种高效的交互方式,是人以自然语音或机器合成语音同计算机进行交互的综合性技术,结合了语言学、心理学、工程和计算机技术等领域的知识。语音交互不仅要对语音识别和语音合成进行研究,还要对人在语音通道下的交互机理、行为方式等进行研究。语音交互过程包括四部分:语音采集、语音识别、语义理解和语音合成。语音采集完成音频的录入、采样及编码;语音识别完成语音信息到机器可识别的文本信息的转化；语义理解根据语音识别转换后的文本字符或命令完成相应的操作；语音合成完成文本信息到声音信息的转换。作为人类沟通和获取信息最自然便捷的手段，语音交互比其他交互方式具备更多优势，能为人机交互带来根本性变革，是大数据和认知计算时代未来发展的制高点，具有广阔的发展前景和应用前景。

2. 情感交互

情感是一种高层次的信息传递，而情感交互是一种交互状态，它在表达功能和信息时传递情感，勾起人们的记忆或内心的情愫。传统的人机交互无法理解和适应人的情绪或心境，缺乏情感理解和表达能力，计算机难以具有类似人一样的智能，也难以通过人机交互做到真正的和谐与自然。情感交互就是要赋予计算机类似于人一样的观察、理解和生成各种情感的能力，最终使计算机像人一样能进行自然、亲切和生动的交互。情感交互已经成为人工智能领域的热点方向，旨在让人机交互变得更加自然。目前，在情感交互信息的处理方式、情感描述方式、情感数据获取和处理过程、情感表达方式等方面还面临诸多技术挑战。

3. 体感交互

体感交互是个体不需要借助任何复杂的控制系统，以体感技术为基础，直接通过肢体动作与周边数字设备装置和环境进行自然的交互。依照体感方式与原理的不同，体感技术主要分为三类：惯性感测、光学感测以及光学联合感测。体感交互通常由运动追踪、手势识别、运动捕捉、面部表情识别等一系列技术支撑。与其他交互手段相比，体感交互技术无论是硬件还是软件方面都有了较大的提升，交互设备向小型化、便携化、使用方便化等方面发展，大大降低了对用户的约束，使得交互过程更加自然。目前，体感交互在游戏娱乐、医疗辅助与康复、全自动三维建模、辅助购物、眼动仪等领域有了较为广泛的应用。

4. 脑机交互

脑机交互又称为脑机接口，指不依赖于外围神经和肌肉等神经通道，直接实现大脑与外界信息传递的通路。脑机接口系统检测中枢神经系统活动，并将其转化为人工输出指令，能够替代、修复、增强、补充或者改善中枢神经系统的正常输出，从而改变中枢神经系统与内外环境之间的交互作用。脑机交互通过对神经信号解码，实现脑信号到机器指令的转化，一般包括信号采集、特征提取和命令输出三个模块。从脑电信号采集的角度，一般将脑机接口分为侵入式和非侵入式两大类。除此之外，脑机接口还有其他常见的分类方式：按照信号传输方向可以分为脑到机、机到脑和脑机双向接口;按照信号生成的类型,可分为自发式脑机接口和诱发式脑机接口;按照信号源的不同还可分为基于脑电的脑机接口、基于功能性核磁共振的脑机接口以及基于近红外光谱分析的脑机接口。

1.2.5 计算机视觉

计算机视觉是使用计算机模仿人类视觉系统的科学,让计算机拥有类似人类提取、处理、理解和分析图像以及图像序列的能力。自动驾驶、机器人、智能医疗等领域均需要通过计算机视觉技术从视觉信号中提取并处理信息。近来随着深度学习的发展,预处理、特征提取与算法处理渐渐融合,形成端到端的人工智能算法技术。根据解决的问题,计算机视觉可分为计算成像学、图像理解、三维视觉、动态视觉和视频编解码五大类。

1. 计算成像学

计算成像学是探索人眼结构、相机成像原理以及延伸应用的科学。在相机成像原理方面,计算成像学不断促进现有可见光相机的完善,使得现代相机更加轻便,可以适用于不同场景。同时计算成像学也推动着新型相机的产生,使相机超出可见光的限制。在相机应用科学方面,计算成像学可以提升相机的能力,从而通过后续的算法处理使得在受限条件下拍摄的图像更加完善,例如图像去噪、去模糊、暗光增强、去雾霾等,以及实现新的功能,例如全景图、软件虚化、超分辨率等。

2. 图像理解

图像理解是通过用计算机系统解释图像,实现类似人类视觉系统理解外部世界的一门科学。通常根据理解信息的抽象程度可分为三个层次:浅层理解,包括图像边缘、图像特征点、纹理元素等;中层理解,包括物体边界、区域与平面等;高层理解,根据需要抽取的高层语义信息,可大致分为识别、检测、分割、姿态估计、图像文字说明等。目前高层图像理解算法已逐渐广泛应用于人工智能系统,如刷脸支付、智慧安防、图像搜索等。

3. 三维视觉

三维视觉即研究如何通过视觉获取三维信息(三维重建)以及如何理解所获取的三维信息的科学。三维重建可以根据重建的信息来源,分为单目图像重建、多目图像重建和深度图像重建等。三维信息理解即使用三维信息辅助图像理解或者直接理解三维信息。三维信息理解可分为浅层(角点、边缘、法向量等)、中层(平面、立方体等)和高层(物体检测、识别、分割等)。三维视觉技术可以广泛应用于机器人、无人驾驶、智慧工厂、虚拟/增强现实等方向。

4. 动态视觉

动态视觉即分析视频或图像序列,模拟人处理时序图像的科学。通常动态视觉问题可以定义为寻找图像元素,如像素、区域、物体在时序上的对应,以及提取其语义信息的问题。动态视觉研究被广泛应用在视频分析以及人机交互等方面。

5. 视频编解码

视频编解码是指通过特定的压缩技术,将视频流进行压缩。视频流传输中最为重要的编解码标准有国际电联的 H.261、H.263、H.264、H.265、M-JPEG 和 MPEG 系列标准。视频压缩编码主要分为两大类:无损压缩和有损压缩。无损压缩指使用压缩后的数据进行重构时,重构后的数据与原来的数据完全相同,例如磁盘文件的压缩。有损压缩也称为不可逆编码,指使用压缩后的数据进行重构时,重构后的数据与原来的数据有差异,但不会使人们对原始资料所表达的信息产生误解。有损压缩的应用范围广泛,例如视频会议、可视电话、视频广播、视频监控等。

目前,计算机视觉技术发展迅速,已具备初步的产业规模。未来计算机视觉技术的发展主要面临以下挑战:一是如何在不同的应用领域和其他技术更好地结合,计算机视觉在解决某些问题时可以广泛利用大数据,已经逐渐成熟并且可以超过人类,而在某些问题上却无法达到很高的精度;二是如何降低计算机视觉算法的开发时间和人力成本,目前计算机视觉算法需要大量的数据与人工标注,需要较长的研发周期以达到应用领域所要求的精度与耗时;三是如何加快新型算法的设计开发,随着新的成像硬件与人工智能芯片的出现,针对不同芯片与数据采集设备的计算机视觉算法的设计与开发也是挑战之一。

1.2.6 生物特征识别

生物特征识别技术是指通过个体生理特征或行为特征对个体身份进行识别认证的技术。从应用流程看,生物特征识别通常分为注册和识别两个阶段。注册阶段通过传感器对人体的生物表征信息进行采集,如利用图像传感器对指纹和人脸等光学信息、麦克风对说话声等声学信息进行采集,利用数据预处理以及特征提取技术对采集的数据进行处理,得到相应的特征进行存储。识别过程采用与注册过程一致的信息采集方式对待识别人进行信息采集、数据预处理和特征提取,然后将提取的特征与存储的特征进行比对分析,完成识别。从应用任务看,生物特征识别一般分为辨认与确认两种任务,辨认是指从存储库中确定待识别人身份的过程,是一对多的问题;确认是指将待识别人信息与存储库中特定单人信息进行比对,确定身份的过程,是一对一的问题。

生物特征识别技术涉及的内容十分广泛,包括指纹、人脸、虹膜、指静脉、声纹、步态等多种生物特征,其识别过程涉及图像处理、计算机视觉、语音识别、机器学习等多项技术。目前生物特征识别作为重要的智能化身份认证技术,在金融、公共安全、教育、交通等领域得到广泛的应用。下面将对指纹识别、人脸识别、虹膜识别、指静脉识别、声纹识别以及步态识别等技术进行介绍。

1. 指纹识别

指纹识别过程通常包括数据采集、数据处理、分析判别三个过程。数据采集是通过光、电、力、热等物理传感器获取指纹图像;数据处理包括预处理、畸变校正、特征提取三个过程;分析判别是对提取的特征进行分析判别的过程。

2. 人脸识别

人脸识别是典型的计算机视觉应用,从应用过程来看,可将人脸识别技术划分为检测定位、面部特征提取以及人脸确认三个过程。人脸识别技术的应用主要受到光照、拍摄角度、图像遮挡、年龄等多个因素的影响,在约束条件下人脸识别技术相对成熟,在自由条件下人脸识别技术还在不断改进。

3. 虹膜识别

虹膜识别的理论框架主要包括虹膜图像分割、虹膜区域归一化、特征提取和识别四个部分,研究工作大多是基于此理论框架发展而来的。虹膜识别技术应用的主要难题包含传感器和光照影响两个方面:一方面,由于虹膜尺寸小且受黑色素遮挡,需在近红外光源下采用高分辨图像传感器才可清晰成像,对传感器质量和稳定性要求比较高;另一方面,光照的强弱变化会引起瞳孔缩放,导致虹膜纹理产生复杂形变,增加了匹配的难度。

4. 指静脉识别

指静脉识别是利用了人体静脉血管中的脱氧血红蛋白对特定波长范围内的近红外线有很好的吸收作用这一特性,采用近红外光对指静脉进行成像与识别的技术。由于指静脉血管分布随机性很强,其网络特征具有很好的唯一性,且属于人体内部特征,不受外界影响,因此模态特性十分稳定。指静脉识别技术应用面临的主要难题来自成像单元。

5. 声纹识别

声纹识别是指根据待识别语音的声纹特征识别说话人的技术。声纹识别技术通常可以分为前端处理和建模分析两个阶段。声纹识别的过程是将某段来自某个人的语音经过特征提取后与多复合声纹模型库中的声纹模型进行匹配,常用的识别方法可以分为模板匹配法、概率模型法等。

6. 步态识别

步态是远距离复杂场景下唯一可清晰成像的生物特征,步态识别是指通过身体体型和行走姿态来识别人的身份。相比上述几种生物特征识别,步态识别的技术难度更大,体现在其需要从视频中提取运动特征,以及需要更高要求的预处理算法,但步态识别具有远距离、跨角度、光照不敏感等优势。

1.2.7 虚拟现实/增强现实

虚拟现实(VR)/增强现实(AR)是以计算机为核心的新型视听技术。结合相关科学技术,在一定范围内生成与真实环境在视觉、听觉、触感等方面高度近似的数字化环境。用户借助必要的装备与数字化环境中的对象进行交互,相互影响,获得近似真实环境的感受和体验,通过显示设备、跟踪定位设备、触力觉交互设备、数据获取设备、专用芯片等实现。

虚拟现实/增强现实从技术特征角度,按照不同处理阶段,可以分为获取与建模技术、分析与利用技术、交换与分发技术、展示与交互技术以及技术标准与评价体系五个方面。获取与建模技术研究如何把物理世界或者人类的创意进行数字化和模型化,难点是三维物理世界的数字化和模型化技术;分析与利用技术重点研究对数字内容进行分析、理解、搜索和知识化的方法,其难点在于内容的语义表示和分析;交换与分发技术主要强调各种网络环境下大规模的数字化内容流通、转换、集成和面向不同终端用户的个性化服务等,其核心是开放的内容交换和版权管理技术;展示与交互技术重点研究符合人类习惯数字内容的各种显示技术及交互方法,以期提高人对复杂信息的认知能力,其难点在于建立自然和谐的人机交互环境;技术标准与评价体系重点研究虚拟现实/增强现实基础资源、内容编目、信源编码等的规范标准以及相应的评估技术。

目前虚拟现实/增强现实面临的挑战主要体现在智能获取、普适设备、自由交互和感知融合四个方面。在硬件平台与装置、核心芯片与器件、软件平台与工具、相关标准与规范等方面存在一系列科学技术问题。总体来说,虚拟现实/增强现实呈现虚拟现实系统智能化、虚实环境对象无缝融合、自然交互全方位与舒适化的发展趋势。

综上所述,人工智能技术在以下方面的发展有显著的特点,是进一步研究人工智能发展趋势的重点。

1. 技术平台开源化

开源的学习框架在人工智能领域的研发成绩斐然,对深度学习领域影响巨大。开源的深度学习框架使得开发者可以直接使用已经研发成功的深度学习工具,减少二次开发,提高效率,促进业界紧密合作和交流。国内外产业巨头也纷纷意识到通过开源技术建立产业生态,是抢占产业制高点的重要手段。通过技术平台的开源化,可以扩大技术规模,整合技术和应用,有效布局人工智能全产业链。谷歌、百度等国内外龙头企业纷纷布局开源人工智能生态,未来将有更多的软硬件企业参与开源生态。

2. 专用智能向通用智能发展

目前人工智能的发展主要集中在专用智能方面,具有领域局限性。随着科技的发展,各领域之间相互融合、相互影响,需要一种范围广、集成度高、适应能力强的通用智能,提供从辅助性决策工具到专业性解决方案的升级。通用人工智能具备执行一般智慧行为的能力,可以将人工智能与感知、知识、意识和直觉等人类的特征互相连接,减少对领域知识的依赖性,提高处理任务的普适性,这将是人工智能未来的发展方向。未来的人工智能将广泛地涵盖各个领域,消除各领域之间的应用壁垒。

3. 智能感知向智能认知方向迈进

人工智能的主要发展阶段包括:运算智能、感知智能、认知智能,这一观点得到业界的广泛认可。早期阶段的人工智能是运算智能,机器具有快速计算和记忆存储能力。当前大数据时代的人工智能是感知智能,机器具有视觉、听觉、触觉等感知能力。随着类脑科技的发展,人工智能必然向认知智能时代迈进,即让机器能理解会思考。

1.3 人工智能产业现状及趋势

人工智能作为新一轮产业变革的核心驱动力,将催生新的技术、产品、产业、业态、模式,从而引发经济结构的重大变革,实现社会生产力的整体提升。本节重点对智能基础设施建设、智能信息及数据和智能技术服务三个方面展开介绍,并总结人工智能行业应用及产业发展趋势。

1.3.1 智能基础设施

智能基础设施为人工智能产业提供计算能力支撑,其范围包括智能芯片、智能传感器、分布式计算框架等,是人工智能产业发展的重要保障。

1. 智能芯片

智能芯片从应用角度可以分为训练和推理两种类型。从部署场景来看,可以分为云端和设备端两大类。训练过程由于涉及海量的训练数据和复杂的深度神经网络结构,需要庞大的计算规模,主要使用智能芯片集群来完成。与训练的计算量相比,推理的计算量较少,但仍然涉及大量的矩阵运算。目前,训练和推理通常都在云端实现,只有对实时性要求很高的设备会交由设备端进行处理。

随着互联网用户量和数据规模的急剧膨胀,人工智能发展对计算性能的要求迫切增长,对 CPU 计算性能提升的需求超过了摩尔定律的增长速度。同时,受限于技术原因,传统处理器性能也无法按照摩尔定律继续增长,发展下一代智能芯片势在必行。未来的智能芯片主要是向两个方向发展:一是模仿人类大脑结构的芯片,二是量子芯片。

2. 智能传感器

智能传感器是具有信息处理功能的传感器。智能传感器带有微处理机,具备采集、处理、交换信息等功能,是传感器集成化与微处理机相结合的产物。智能传感器属于人工智能的神经末梢,用于全面感知外界环境。各类传感器的大规模部署和应用为实现人工智能创造了不可或缺的条件。不同应用场景,如智能安防、智能家居、智能医疗等对传感器应用提出了不同的要求。未来,高敏度、高精度、高可靠性、微型化、集成化将成为智能传感器发展的重要趋势。

3. 分布式计算框架

面对海量的数据处理、复杂的知识推理,常规的单机计算模式已经不能支撑。所以,计算模式必须将巨大的计算任务分成小的单机可以承受的计算任务,即云计算、边缘计算、大数据技术提供了基础的计算框架。目前流行的分布式计算框架如 OpenStack、Hadoop、Storm、Spark、Samza、Bigflow 等。各种开源深度学习框架也层出不穷,其中包括 Tensorflow、Caffe、Keras、CNTK、Torch7、MXNet、Leaf、Theano、DeepLearning4、Lasagne、Neon 等。

1.3.2 智能信息及数据

目前,人工智能数据采集、分析、处理方面的企业主要有两种:一种是数据集提供商,以提供数据为自身主要业务,为需求方提供机器学习等技术所需要的不同领域的数据集;另一种是数据采集、分析、处理综合性厂商,自身拥有获取数据的途径,并对采集到的数据进行分析处理,最终将处理后的结果提供给需求方使用。对于一些大型企业,企业本身也是数据分析处理结果的需求方。

1.3.3 智能技术服务

智能技术服务主要关注如何构建人工智能的技术平台,并对外提供人工智能相关的服务。此类厂商在人工智能产业链中处于关键位置,依托基础设施和大量的数据,为各类人工智能的应用提供关键性的技术平台、解决方案和服务。目前,从提供服务的类型来看,智能技术服务厂商包括三类:(1)提供人工智能的技术平台和算法模型;(2)提供人工智能的整体解决方案;(3)提供人工智能在线服务。这三类角色并不是严格区分开的,很多情况下会出现重叠,随着技术的发展成熟,在人工智能产业链中已有大量的厂商同时具备上述两类或者三类角色的特征。

1.3.4 人工智能行业应用

本节重点介绍人工智能在制造、家居、金融、交通、安防、医疗、物流行业的应用。

1. 智能制造

智能制造是基于新一代信息通信技术与先进制造技术深度融合,贯穿于设计、生产、管理、服务等制造活动的各个环节,具有自感知、自学习、自决策、自执行、自适应等功能的新型生产方式。例如,现有涉及智能装备故障问题的纸质化文件,可通过自然语言处理,形成数字化资料,再通过非结构化数据向结构化数据的转换,形成深度学习所需的训练数据,从而构建设备故障分析的神经网络,为下一步故障诊断、优化参数设置提供决策依据。

2. 智能家居

智能家居以住宅为平台,基于物联网技术,由硬件(智能家电、智能硬件、安防控制设备、家具等）、软件系统、云计算平台构成的家居生态圈,实现人远程控制设备、设备间互联互通、设备自我学习等功能,并通过收集、分析用户行为数据为用户提供个性化生活服务,使家居生活安全、节能、便捷等。例如,借助智能语音技术,用户应用自然语言实现对家居系统各设备的操控,如开关窗帘（窗户）、操控家用电器和照明系统、打扫卫生等操作;借助机器学习技术,智能电视可以从用户看电视的历史数据中分析其兴趣和爱好,并将相关的节目推荐给用户;通过应用声纹识别、脸部识别、指纹识别等技术进行开锁等;通过大数据技术可以使智能家电实现对自身状态及环境的自我感知,具有故障诊断能力。

3. 智能金融

智能金融对于金融机构的业务部门来说,可以帮助获客,精准服务客户,提高效率;对于金融机构的风控部门来说,可以提高风险控制,增加安全性;对于用户来说,可以实现资产优化配置,体验到金融机构更加完美的服务。人工智能在金融领域的应用主要包括:智能获客,依托大数据,对金融用户进行画像,通过需求响应模型,极大地提升获客效率;身份识别,以人工智能为内核,通过人脸识别、声纹识别、指静脉识别等生物识别手段,再加上各类票据、身份证、银行卡等证件票据的 OCR 识别等技术手段,对用户身份进行验证,大幅降低核验成本,有助于提高安全性。

4. 智能交通

智能交通系统（Intelligent Traffic System,ITS)是借助现代科技手段和设备,将各核心交通元素联通,实现信息互通与共享以及各交通元素的彼此协调、优化配置和高效使用,形成人、车和交通的高效协同环境,建立安全、高效、便捷和低碳的交通。ITS 应用最广泛的地区是日本,其次是美国、欧洲等地区。中国的智能交通系统近几年也发展迅速,在北京、上海、广州、杭州等大城市已经建设了先进的智能交通系统,其中,北京建立了道路交通控制、公共交通指挥与调度、高速公路管理和紧急事件管理等四大 ITS 系统;广州建立了交通信息共用主平台、物流信息平台和静态交通管理系统等三大 ITS 系统。

5. 智能安防

智能安防技术是一种利用人工智能对视频、图像进行存储和分析,从中识别安全隐患并对其进行处理的技术。智能安防与传统安防的最大区别在于智能化,传统安防对人的依赖性比较强,非常耗费人力,而智能安防能够通过机器实现智能判断,从而尽可能实现实时的安全防范和处理。

智能安防目前涵盖众多领域,如街道社区、道路、楼宇建筑、机动车辆的监控,移动物体监测等。今后智能安防还要解决海量视频数据分析、存储控制及传输问题,将智能视频分析技术、云计算及云存储技术结合起来,构建智慧城市下的安防体系。

6. 智能医疗

近几年,智能医疗在辅助诊疗、疾病预测、医疗影像辅助诊断等方面发挥了重要作用。

在辅助诊疗方面,通过人工智能技术可以有效提高医护人员的工作效率,提升一线全科医生的诊断治疗水平。例如,利用智能语音技术可以实现电子病历的智能语音录入;利用智能影像识别技术,可以实现医学图像自动读片;利用智能技术和大数据平台,构建辅助诊疗系统。

在疾病预测方面,人工智能借助大数据技术可以进行疫情监测,及时有效地预测并防止疫情的进一步扩散和发展。以流感为例,很多国家都有规定,当医生发现新型流感病例时需告知疾病控制与预防中心。但由于人们可能患病不及时就医,同时信息传达回疾控中心也需要时间,因此通告新流感病例时往往会有一定的延迟,人工智能通过疫情监测能够有效缩短响应时间。

在医疗影像辅助诊断方面,影像判读系统的发展是人工智能技术的产物。早期的影像判读系统主要靠人手工编写判定规则,存在耗时长、临床应用难度大等问题,从而未能得到广泛推广。影像组学是通过医学影像对特征进行提取和分析,为患者预前和预后的诊断和治疗提供评估方法和精准诊疗决策。这在很大程度上简化了人工智能技术的应用流程,节约了人力成本。

7. 智能物流

智能物流是在利用条形码、射频识别技术、传感器、全球定位系统等方面优化改善运输、仓储、配送装卸等物流业技术的同时,使用智能搜索、推理规划、计算机视觉以及智能机器人等技术,实现货物运输过程的自动化运作和高效率优化管理,提高物流效率。例如,在仓储环节,利用大数据智能通过分析大量历史库存数据,建立相关预测模型,实现物流库存商品的动态调整。大数据智能也可以支撑商品配送规划,进而实现物流供给与需求匹配、物流资源优化与配置等。在货物搬运环节,加载计算机视觉、动态路径规划等技术的智能搬运机器人(如搬运机器人、货架穿梭车、分拣机器人等)得到广泛应用,大大减少了订单出库所需的时间,使物流仓库的存储密度、搬运的速度、拣选的精度均有大幅度提升。

1.3.5　人工智能产业发展趋势

数据资源、运算能力、核心算法共同发展，掀起人工智能第三次新浪潮。人工智能产业正处于从感知智能向认知智能的进阶阶段，诸如无人驾驶、全自动智能机器人等仍处于开发中，与大规模应用仍有一定距离。

1. 智能服务呈现线下和线上的无缝结合

分布式计算平台的广泛部署和应用，增大了线上服务的应用范围。同时人工智能技术产品不断涌现，如智能家居、智能机器人、自动驾驶汽车等，为智能服务带来新的渠道或新的传播模式，使得线上服务与线下服务的融合进程加快，促进多产业升级。

2. 智能化应用场景从单一向多元发展

目前人工智能的应用领域还多处于专用阶段，如人脸识别、视频监控、语音识别等都主要用于完成具体任务，覆盖范围有限，产业化程度有待提高。随着智能家居、智慧物流等产品的推出，人工智能的应用终将进入面向复杂场景，处理复杂问题，提高社会生产效率和生活质量的新阶段。

3. 人工智能和实体经济深度融合进程将进一步加快

党的十九大报告提出"推动互联网、大数据、人工智能和实体经济深度融合"，一方面，制造强国建设的加快将促进人工智能等新一代信息技术产品的发展和应用，助推传统产业转型升级，推动战略性新兴产业实现整体性突破。另一方面，随着人工智能底层技术的开源化，传统行业将有望加快掌握人工智能基础技术并依托其积累的行业数据资源实现人工智能与实体经济的深度融合创新。

1.4　安全、伦理、隐私问题

历史经验表明，新技术常常能够提高生产效率，促进社会进步。与此同时，由于人工智能尚处于初期发展阶段，该领域的安全、伦理、隐私的政策、法律和标准问题值得关注。就人工智能技术而言，安全、伦理和隐私问题直接影响人们与人工智能工具交互经验中对人工智能技术的信任。社会公众必须信任人工智能技术能够给人类带来的安全利益远大于伤害，才有可能发展人工智能。要保障安全，人工智能技术本身及在各个领域的应用应遵循人类社会所认同的伦理原则,其中应特别关注的是隐私问题,因为人工智能的发展伴随着越来越多的个人数据被记录和分析,而在这个过程中保障个人隐私则是社会信任能够增加的重要条件。总之,建立一个令人工智能技术造福于社会、保护公众利益的政策、法律和标准化环境,是人工智能技术持续、健康发展的重要前提。为此,本节集中讨论与人工智能技术相关的安全、伦理、隐私的政策和法律问题。

1.4.1 人工智能的安全问题

人工智能最大的特征是能够实现无人类干预地、基于知识并能够自我修正地自动化运行。在开启人工智能系统后,人工智能系统的决策不再需要操控者进一步的指令,这种决策可能会产生人类预料不到的结果。设计者和生产者在开发人工智能产品的过程中可能并不能准确预知某一产品会存在的可能风险。因此,人工智能的安全问题不容忽视。

与传统的公共安全(例如核技术)需要强大的基础设施作为支撑不同,人工智能以计算机和互联网为依托,无须昂贵的基础设施就能造成安全威胁。掌握相关技术的人员可以在任何时间、地点且没有昂贵基础设施的情况下做出人工智能产品。人工智能的程序运行并非公开可追踪,其扩散途径和速度也难以精确控制。在无法利用已有传统管制技术的条件下,对人工智能技术的管制必须另辟蹊径。换言之,管制者必须考虑更为深层的伦理问题,保证人工智能技术及其应用均符合伦理要求,才能真正实现保障公共安全的目的。

由于人工智能技术的目标实现受其初始设定的影响,必须能够保障人工智能设计的目标与大多数人的利益和伦理道德一致,即使在决策过程中面对不同的环境,人工智能也能做出相对安全的决定。从人工智能的技术应用方面看,要充分考虑到人工智能开发和部署过程中的责任和过错问题,通过为人工智能技术开发者、产品生产者或者服务提供者、最终使用者设定权利和义务的具体内容,来达到落实安全保障要求的目的。

此外,考虑到目前世界各国关于人工智能管理的规定尚不统一,相关标准也处于空白状态,同一人工智能技术的参与者可能来自不同国家,而这些国家尚未签署针对人工智能的共有合约。为此,我国应加强国际合作,推动制定一套世界通用的管制原则和标准来保障人工智能技术的安全性。

1.4.2　人工智能的伦理问题

人工智能是人类智能的延伸，也是人类价值系统的延伸。在其发展的过程中，应当包含对人类伦理价值的正确考量。设定人工智能技术的伦理要求，要依托于社会和公众对人工智能伦理的深入思考和广泛共识，并遵循一些共识原则。

一是人类利益原则，即人工智能应以实现人类利益为终极目标。这一原则体现对人权的尊重、对人类和自然环境利益最大化以及降低技术风险和对社会的负面影响。在此原则下，政策和法律应致力于人工智能发展的外部社会环境的构建，推动对社会个体的人工智能伦理和安全意识教育，让社会警惕人工智能技术被滥用的风险。此外，还应该警惕人工智能系统做出与伦理道德偏差的决策。例如，大学利用机器学习算法来评估入学申请，假如用于训练算法的历史入学数据（有意或无意）反映出之前的录取程序的某些偏差（如性别歧视），那么机器学习可能会在重复累计的运算过程中恶化这些偏差，造成恶性循环。如果没有纠正，偏差会以这种方式在社会中永久存在。

二是责任原则，即在技术开发和应用两方面都建立明确的责任体系，以便在技术层面可以对人工智能技术开发人员或部门问责，在应用层面可以建立合理的责任和赔偿体系。在责任原则下，在技术开发方面应遵循透明度原则；在技术应用方面则应当遵循权责一致原则。

其中，透明度原则要求了解系统的工作原理从而预测未来发展，即人类应当知道人工智能如何以及为何做出特定决定，这对于责任分配至关重要。例如，在神经网络这个人工智能的重要议题中，人们需要知道为什么会产生特定的输出结果。另外，数据来源透明度也同样非常重要。即便是在处理没有问题的数据集时，也有可能面临数据中隐含的偏见问题。透明度原则还要求开发技术时注意多个人工智能系统协作产生的危害。

权责一致原则指的是未来政策和法律应该做出明确规定：一方面必要的商业数据应被合理记录、相应算法应受到监督、商业应用应受到合理审查；另一方面商业主体仍可利用合理的知识产权或者商业秘密来保护本企业的核心参数。在人工智能的应用领域，权利和责任一致的原则尚未在商界、政府对伦理的实践中完全实现。主要是由于在人工智能产品和服务的开发和生产过程中，工程师和设计团队往往忽视伦理问题，此外人工智能的整个行业尚未习惯于综合考量各个利益相关者需求的工作流程,人工智能相关企业对商业秘密的保护也未与透明度相平衡。

1.4.3 人工智能的隐私问题

人工智能的近期发展建立在大量数据的信息技术应用之上,不可避免地涉及个人信息的合理使用问题,因此对于隐私应该有明确且可操作的定义。人工智能技术的发展也让侵犯个人隐私(的行为)更为便利,因此相关法律和标准应该为个人隐私提供更强有力的保护。已有的对隐私信息的管制包括对使用者未明示同意的收集,以及使用者明示同意条件下的个人信息收集两种类型的处理。人工智能技术的发展对原有的管制框架带来了新的挑战,原因是使用者所同意的个人信息收集范围不再有确定的界限。利用人工智能技术很容易推导出公民不愿意泄露的隐私,例如从公共数据中推导出私人信息,从个人信息中推导出和个人有关的其他人员(如朋友、亲人、同事)信息(在线行为、人际关系等)。这类信息超出了最初个人同意披露的个人信息范围。

此外,人工智能技术的发展使得政府对于公民个人数据信息的收集和使用更加便利。大量个人数据信息能够帮助政府各个部门更好地了解所服务的人群状态,确保个性化服务的机会和质量。但随之而来的是,政府部门和工作人员个人不恰当使用个人数据信息的风险和潜在的危害应当得到足够的重视。

人工智能语境下个人数据的获取和知情同意应该重新进行定义。首先,相关政策、法律和标准应直接对数据的收集和使用进行规制,而不能仅仅征得数据所有者的同意;其次,应当建立实用、可执行的、适应于不同使用场景的标准流程以供设计者和开发者保护数据来源的隐私;再次,对于利用人工智能可能推导出超过公民最初同意披露的信息的行为应该进行规制;最后,政策、法律和标准对于个人数据管理应该采取延伸式保护,鼓励发展相关技术,探索将算法工具作为个体在数字和现实世界中的代理人。这种方式使得控制和使用两者得以共存,因为算法代理人可以根据不同的情况,设定不同的使用权限,同时管理个人同意与拒绝分享的信息。

1.5 人工智能专业课程体系

本书的目标是引导初学者比较容易地迈入人工智能领域的大门。但人工智能是一门新兴的学科,既具有新颖而深刻的理论基础,又具有广泛而新奇的应用场景,对其浅尝辄止自然难以满足读者强烈的求知欲。图1-1 对人工智能的知识体系进行了简要的刻画,可以作为读者更进一步学习的引导。

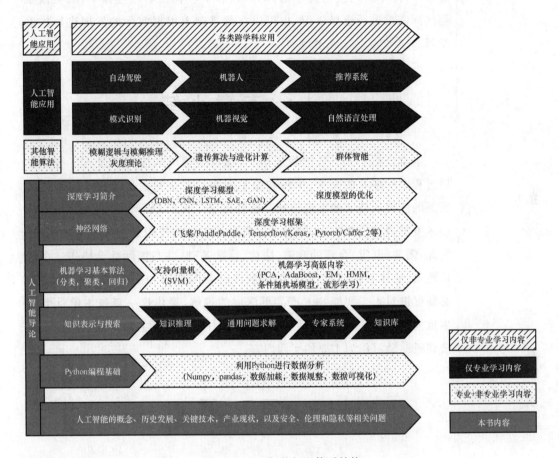

图 1-1　人工智能知识体系结构

图 1-1 中,本书内容部分为包括非专业的爱好者在内的初学者构建人工智能技术的基本知识框架。专业＋非专业学习内容部分和仅专业学习内容部分则是人工智能专业的学生进一步学习需要掌握的知识。专业＋非专业学习内容部分也可以作为非专业的爱好者和研究者为了解决本专业问题而选择学习的内容,可以根据自己的需要选择部分内容进行学习;模糊逻辑与推理、遗传算法与进化计算等虽然本书没有涉及,但被广泛应用于各个领域,是人工智能学科的重要组成部分。仅专业学习内容部分主要面向人工智能专业的学习者和研究者;知识推理、通用问题求解等主要面向传统人工智能领域部分,而模式识别、自动驾驶等部分则更多构建

在机器学习和深度学习基础上。仅非专业学习内容部分则包含各类跨学科人工智能的应用,可以面向不同学科的人工智能应用者,包括医学、生物、化学、物理、工程、制造等不同领域。

人工智能是一个新兴的领域和学科,其知识范畴仍处在快速的发展过程中,图中所列仅是其中的部分内容,学习者在学习过程中,既可以根据实际需求进行选择学习,也可以在此基础上根据实际的发展进行扩展学习。

1.6 本 章 小 结

本章介绍了人工智能发展历史、在重要领域的应用以及人工智能发展过程中所涉及的安全、伦理和隐私问题。安全问题是让技术能够持续发展的前提。技术的发展给社会信任带来了风险,如何增加社会信任,让技术发展遵循伦理要求,特别是保障隐私不会被侵犯是亟须解决的问题。为此,需要(制定)合理的政策、法律、标准基础,并与国际社会协作。在制定政策、法律和标准时,应当摆脱肤浅的新闻炒作和广告式的热点宣传,必须促进对人工智能技术产品更深层的理解,聚焦这一新技术给社会产生重大利益的同时带来的巨大挑战。本书后续内容主要以常用的搜索算法和机器学习作为主要的实践内容。

习   题

1. 如何定义人工智能?
2. 阿兰·图灵对人工智能的重要贡献是什么?
3. 说出人工智能关键技术有哪些?
4. 人工智能技术对于我们个人的隐私保护有什么影响?

第 2 章
知识表示方法及搜索方法

知识表示方法是把自然界的知识表达成机器可以理解的形式,它是学习人工智能其他内容的基础。常用的搜索方法是人工智能领域最基本的解决问题的方法。

2.1 知识表示方法

人工智能是基于知识求解有趣的问题,做出明智决策的计算机程序。在本节中,我们将描述几种常用的知识表示方法,并通过实例加深读者对方法的理解。

2.1.1 状态空间法

状态空间法是以状态和算符(Operator)为基础来表示和求解问题的。

1. 状态(State)的基本概念

状态是为描述某类不同事物间的差别而引入的一组最少变量 $q_0, q_1, \cdots, q_n$ 的有序集合,其矢量形式如下:

$$\boldsymbol{Q} = [q_0, q_1, \cdots, q_n]^{\mathrm{T}} \tag{2.1}$$

式中,每个元素 $q_i(i=0,1,\cdots,n)$ 为集合的分量,称为状态变量。给定每个分量的一组值就得到一个具体的状态,如

$$\boldsymbol{Q}_k = [q_{0k}, q_{1k}, \cdots, q_{nk}]^{\mathrm{T}} \tag{2.2}$$

使问题从一种状态转化为另一种状态的手段称为操作符或算符。操

作符可为走步、过程、规则、数学算子、运算符号或逻辑符号等。

问题的状态空间(State Space)是一个表示该问题全部可能状态及其关系的图,它包含三种说明的集合,即所有可能的问题初始状态集合 S、操作符集合 F 以及目标状态集合 G。因此,可把状态空间记为三元状态(S, F,G)。

2. 状态空间的表示法举例

猴子与香蕉的问题:在一个房间内有一只猴子、一个箱子和一把香蕉,初始的方位示意如图 2-1 所示。香蕉挂在天花板下方,但猴子的高度不足以碰到它。那么这只猴子怎样才能如图 2-2 所示摘到香蕉呢?

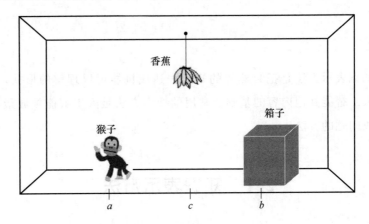

图 2-1 猴子摘香蕉问题方位图

状态空间表示:用四元组(W,x,y,z)其中,W 为猴子的水平位置;当猴子在箱子顶上时取 $x=1$,否则取 $x=0$;y 为箱子的水平位置;当猴子摘到香蕉时取 $z=1$,否则取 $z=0$。

图 2-2 猴子摘得香蕉示意图

算符如下：

（1）Goto(U)猴子走到水平位置U；

（2）Pushbox(V)猴子把箱子推到水平位置V；

（3）Climbbox 猴子爬上箱顶；

（4）Grasp 猴子摘到香蕉。

求解过程如下：令初始状态为$(a,0,b,0)$。这时，Goto(U)是唯一适用的操作，并导致下一状态$(U,0,b,0)$。现在有 3 个适用的操作，即 Goto(U)、Pushbox(V)和 Climbbox(若 $U=b$)。把所有适用的操作继续应用于每个状态，我们就能够得到状态空间图，如图 2-3 所示。从图中不难看出，把该初始状态变换为目标状态的操作序列为

$$\{\text{Goto}(b),\text{Pushbox}(c),\text{Climbbox},\text{Grasp}\}$$

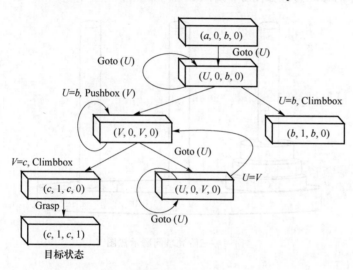

图 2-3　猴子摘香蕉的状态空间图

2.1.2　问题归约法

1. 问题归约法的概念

已知问题的描述，通过一系列变换把此问题最终变为一个子问题集合，这些子问题的解可以直接得到，从而解决了初始问题。

该方法也就是从目标（要解决的问题）出发逆向推理，建立子问题以及子问题的子问题，直至最后把初始问题归约为一个平凡的本原问题集合。这就是问题归约的实质。

2. 问题归约法的组成部分

(1) 一个初始问题描述;

(2) 一套把问题变换为子问题的操作符;

(3) 一套本原问题描述。

3. 示例:梵塔难题

问题如下:有 3 个柱子(1,2,3)和 3 个不同尺寸的圆盘(A,B,C)。在每个圆盘的中心有个孔,所以圆盘可以堆叠在柱子上。最初,全部 3 个圆盘都堆在柱子 1 上:最大的圆盘 C 在底部,最小的圆盘 A 在顶部,如图 2-4 所示。要求:把所有圆盘都移到柱子 3 上,每次只许移动一个,而且只能先搬动柱子顶部的圆盘,还不许把尺寸较大的圆盘堆放在尺寸较小的圆盘上,具体的移动过程如图 2-5 所示。

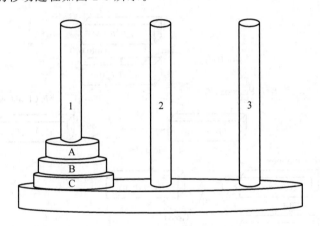

图 2-4　三阶梵塔问题示意图

4. 归约描述

问题归约方法是应用算符来把问题描述变换为子问题描述。

归约过程如下:

(1) 移动圆盘 A 和 B 至柱子 2 的双圆盘难题;

(2) 移动圆盘 C 至柱子 3 的单圆盘难题;

(3) 移动圆盘 A 和 B 至柱子 3 的双圆盘难题。

由此可以看出,简化了的难题每一个都比原始难题容易,所以问题都会变成易解的本原问题。

这时,可以用状态空间表示的三元组合 (S,F,G) 来规定与描述问题;对于三阶梵塔问题,子问题(111)=>(122)、(122)=>(322)以及(322)=>(333)规定了最后解答路径将要通过的脚踏石状态(122)和(322),形成了三阶梵塔问题的归约图,如图 2-6 所示。

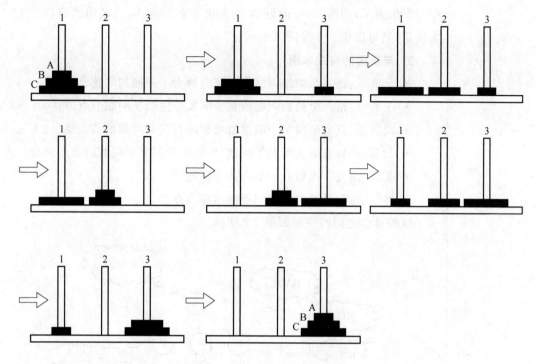

图 2-5　三阶梵塔问题的搜索图

虽然问题归约方法应用状态、算符和目标这些表示法来描述问题,但这并不意味着问题归约法和状态空间法是一样的。

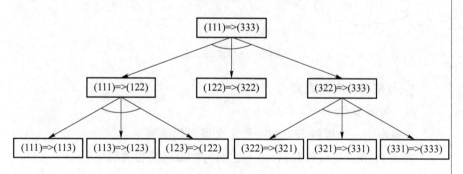

图 2-6　三阶梵塔问题的归约图

2.1.3　与或图表示法

1. 与或图的概念

用一个类似图的结构来表示把问题归约为后继问题的替换集合,画出归约问题图。

例如,设想问题 A 需要由求解问题 B、C 和 D 来决定,那么可以用一个与图来表示;同样,一个问题 A 或者由求解问题 B,或者由求解问题 C 来决定,则可以用一个或图来表示。

2. 与或图的有关术语

- 父节点:是一个初始问题或是可分解为子问题的问题节点。
- 子节点:是一个初始问题或是子问题分解的子问题节点。
- 或节点:只要解决某个问题就可解决其父辈问题的节点集合。
- 与节点:只有解决所有子问题,才能解决其父辈问题的节点集合。
- 弧线:是父节点指向子节点的圆弧连线。
- 终叶节点:是对应于原问题的本原节点。

这些术语之间的关系如图 2-7 所示。

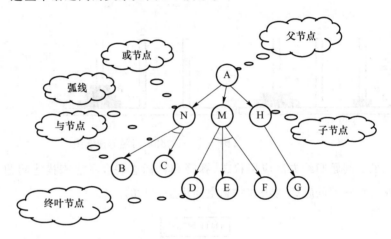

图 2-7　与或图示意

3. 与或图的有关定义

(1) 可解节点

与或图中一个可解节点的一般定义可以归纳如下。

① 终叶节点是可解节点(因为它们与本原问题相关联)。

② 如果某个非终叶节点含有或后继节点,那么只要当其后继节点至少有一个是可解的时,此非终叶节点就是可解的。

③ 如果某个非终叶节点含有与后继节点,那么只有当其后继节点全部为可解时,此非终叶节点才是可解的。

(2) 不可解节点

不可解节点的一般定义归纳如下。

① 没有后裔的非终叶节点为不可解节点。

② 如果某个非终叶节点含有或后继节点,那么只有当其全部后裔为不可解时,此非终叶节点才是不可解的。

③ 如果某个非终叶节点含有与后继节点,那么只要当其后裔至少有一个为不可解时,此非终叶节点就是不可解的。

4. 与或图构图规则

(1) 与或图中的每个节点代表一个要解决的单一问题或问题集合。图中所含起始节点对应于原始问题。

(2) 对应于本原问题的节点叫作终叶节点,它没有后裔。

(3) 对于把算符应用于问题 A 的每种可能情况,都把问题变换为一个子问题集合;有向弧线自 A 指向后继节点,表示所求得的子问题集合。

(4) 一般对于代表两个或两个以上子问题集合的每个节点,有向弧线从此节点指向此子问题集合中的各个节点。

(5) 在特殊情况下,当只有一个算符可应用于问题 A,而且这个算符产生具有一个以上子问题的某个集合时,由上述规则(3)和规则(4)所产生的图才可以得到简化。

2.1.4　谓词逻辑法

谓词逻辑表示的基本方法涉及谓词逻辑、谓词公式、谓词演算、置换与合一。

1. 语法和语义

谓词逻辑的基本组成部分是谓词符号、变量符号、函数符号和常量符号,并用圆括号、方括号、花括号和逗号隔开,以表示论域内的关系。

原子公式是由若干谓词符号和项组成的,只有当其对应的语句在定义域内为真时,才具有值 T(真);而当其对应的语句在定义域内为假时,该原子公式才具有值 F(假)。

2. 连词和量词

连词有 ∧(与)、∨(或)等,量词有全称量词(∀x)、存在量词(∃x)等。

原子公式是谓词演算的基本积木块,运用连词能够组合多个原子公式以构成比较复杂的合适公式。

3. 几个有关定义

用连词 ∧ 把几个公式连接起来所构成的公式叫作合取,而此合取式的每个组成部分叫作合取项。由一些合适公式所构成的任一合取也是一个合适公式。

用连词 ∨ 把几个公式连接起来所构成的公式叫作析取,而此析取式的每一组成部分叫作析取项。由一些合适公式所构成的任一析取也是一个合适公式。

用连词＝＞连接两个公式所构成的公式叫作蕴涵。蕴涵的左式叫作前项,右式叫作后项。如果前项和后项都是合适公式,那么蕴涵也是合适公式。

前面具有符号～的公式叫作否定。一个合适公式的否定也是合适公式。

量化一个合适公式中的某个变量所得到的表达式也是合适公式。如果一个合适公式中某个变量是经过量化的,就把这个变量叫作约束变量,否则就叫作自由变量。在合适公式中,感兴趣的主要是所有变量都是受约束的。这样的合适公式叫作句子。

4. 常用的谓词公式

(1) 在谓词演算中合适公式的递归定义如下。

① 原子谓词公式是合适公式。

② 若 A 为合适公式,则～A 也是一个合适公式。

③ 若 A 和 B 都是合适公式,则$(A \wedge B)$、$(A \vee B)$、$(A \Rightarrow B)$和$(A \leftrightarrow B)$也都是合适公式。

④ 若 A 是合适公式,x 为 A 中的自由变元,则$(\forall x)A$ 和$(\exists x)A$ 都是合适公式。

⑤ 只有按上述规则①至④求得的那些公式,才是合适公式。

(2) 合适公式的性质如下。

① 否定之否定:

• ～(～P)等价于 P。

② $P \vee Q$ 等价于～$P \Rightarrow Q$。

③ 狄·摩根定律:

• ～$(P \vee Q)$等价于～$P \wedge \sim Q$;

• ～$(P \wedge Q)$等价于～$P \vee \sim Q$。

④ 分配律:

• $P \wedge (Q \vee R)$等价于$(P \wedge Q) \vee (P \wedge R)$;

• $P \vee (Q \wedge R)$等价于$(P \vee Q) \wedge (P \vee R)$。

⑤ 交换律:

• $P \wedge Q$ 等价于 $Q \wedge P$;

• $P \vee Q$ 等价于 $Q \vee P$。

⑥ 结合律:

• $(P \wedge Q) \wedge R$ 等价于 $P \wedge (Q \wedge R)$;

- $(P \lor Q) \lor R$ 等价于 $P \lor (Q \lor R)$。

⑦ 逆否律：

- $P => Q$ 等价于 $\sim Q => \sim P$。

此外，还可建立下列等价关系。

① $\sim(\exists x)P(x)$ 等价于 $(\forall x)[\sim P(x)]$；

$\sim(\forall x)P(x)$ 等价于 $(\exists x)[\sim P(x)]$。

② $(\forall x)[P(x) \land Q(x)]$ 等价于 $(\forall x)P(x) \land (\forall x)Q(x)$；

$(\forall x)[P(x) \lor Q(x)]$ 等价于 $(\forall x)P(x) \lor (\forall x)Q(x)$。

③ $(\forall x)P(x)$ 等价于 $(\forall y)P(y)$；

$(\exists x)P(x)$ 等价于 $(\exists y)P(y)$。

5. 谓词逻辑法举例——以猴子摘香蕉问题为例

(1) 描述状态的谓词：

AT(x, y)：x 在 y 处；

ONBOX：猴子在箱子上；

HB：猴子得到香蕉。

(2) 个体域：

x：{monkey, box, banana}

y：{a, b, c}

(3) 问题的初始状态：

AT(monkey, a)

AT(box, b)

$\neg$ ONBOX

$\neg$ HB

(4) 问题的目标状态：

AT(monkey, c)

AT(box, c)

ONBOX

HB

(5) 描述操作的谓词：

① Goto(u, v)：猴子从 u 处走到 v 处。

- 条件：$\neg$ ONBOX，AT(monkey, u)

- 动作：删除表：AT(monkey, u)；添加表：AT(monkey, v)

② Pushbox(v, w)：猴子推着箱子从 v 处移到 w 处。

- 条件：$\neg$ ONBOX，AT(monkey, v)，AT(box, v)

• 动作:删除表:AT(monkey,v),AT(box,v);添加表:AT(monkey,w),AT(box,w)

③ Climbbox:猴子爬上箱子。

• 条件:¬ONBOX,AT(monkey,w),AT(box,w)

• 动作:删除表:¬ONBOX;添加表:ONBOX

④ Grasp:猴子摘取香蕉。

• 条件:ONBOX,AT(box,c)

• 动作:删除表:¬HB;添加表:HB

于是,猴子摘香蕉问题的求解过程如图 2-8 所示。

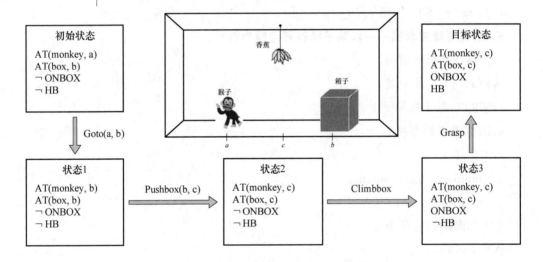

图 2-8 猴子摘香蕉问题的谓词逻辑法

2.1.5 语义网络法

语义网络是 1968 年奎廉(J. R. Quillian)在研究人类联想记忆时提出的一种心理学模型,认为记忆是由概念间的联系实现的。随后,奎廉又把它用作知识表示。1972 年,西蒙在他的自然语言理解系统中也采用了语义网络表示法。语义网络是一种表达能力强而且灵活的知识表示方法,目前已经广泛应用于人工智能领域,尤其是在自然语言处理方面。

知识的语义网络表示法是通过节点和弧线来构成语义网络。

1. 语义网络的基本概念

语义网络是知识的一种结构化图解表示,它由节点和弧线(或链线)组成。节点用于表示实体、概念和情况等,弧线用于表示节点间的关系。

语义网络由下列 4 个相关部分组成。

(1) 词法部分:决定表示词汇表中允许有哪些符号,它涉及各个节点和弧线。

(2) 结构部分:叙述符号排列的约束条件,指定各弧线连接的节点对。

(3) 过程部分:说明访问过程,这些过程能用来建立和修正描述,以及回答相关问题。

(4) 语义部分:确定与描述相关(联想)意义的方法,即确定有关节点的排列及其占有物和对应弧线。

语义网络具有下列特点。

(1) 能把实体的结构、属性与实体间的因果关系显式和简明地表达出来,与实体相关的事实、特征和关系可以通过相应的节点弧线推导出来。

(2) 由于与概念相关的属性和联系被组织在一个相应的节点中,因而使概念易于受访和学习。

(3) 表现问题更加直观,更易于理解,适于知识工程师与领域专家沟通。

(4) 语义网络结构的语义解释依赖于该结构的推理过程,而没有结构的约定,因而得到的推理不能保证像谓词逻辑法那样有效。

(5) 节点间的联系可能是线状、树状或网状的,甚至是递归状的结构,使相应的知识存储和检索可能需要比较复杂的过程。

2. 二元语义网络的表示

用两个节点和一条弧线可以表示一个简单的事实,对于表示占有关系的语义网络,是通过允许节点既可以表示一个物体或一组物体,也可以表示情况和动作。每一情况节点可以有一组向外的弧(事例弧),称为事例框,用以说明与该事例有关的各种变量。

在选择节点时,首先要弄清节点是用于表示基本的物体或概念的,或是用于多种目的的。否则,如果语义网络只被用来表示一个特定的物体或概念,那么当有更多的实例时就需要更多的语义网络。

选择语义基元就是试图用一组基元来表示知识。这些基元描述基本知识,并以图解表示的形式相互联系。例如,若有语义基元(A, R, B),其中,A、B 分别表示两个节点,R 表示 A 与 B 之间的某种语义联系,则它所对应的基本语义如图 2-9 所示。

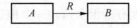

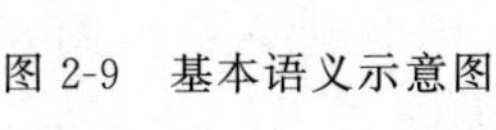

图 2-9　基本语义示意图

3. 语义网络法举例

例如,用语义网络表示:

(1) 动物能运动,会吃;

(2) 鸟是一种动物,鸟有翅膀,会飞;

(3) 鱼是一种动物,生活在水中,会游泳。

这个问题的语义网络如图 2-10 所示。

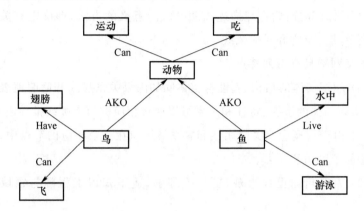

图 2-10　语义网络图

2.1.6　其他方法

本节简介知识表示的其他两种表示方法,即框架表示法和剧本表示法,阐述了两种表示法的原理和应用范围。

1. 框架表示法

框架表示法是在框架理论的基础上发展起来的一种结构化知识表示方法。框架理论是明斯基于 1975 年作为理解视觉、自然语言对话及其他复杂行为的一种基础提出来的。

框架理论认为,人们对现实世界中各种事物的认识都是以一种类似于框架的结构存储在记忆中的。当遇到一个新事物时,就从记忆中找出一个合适的框架,并根据新的情况对其细节加以修改、补充,从而形成对这个新事物的认识。

(1) 框架的构成

框架通常由描述事物的各个方面的槽组成,每个槽可以拥有若干个侧面,而每个侧面又可以拥有若干个值。一个框架的一般结构如下:

〈框架名〉

〈槽 1〉〈侧面 11〉〈值 111〉…

〈侧面 12〉〈值 121〉…

…

〈槽 2〉〈侧面 21〉〈值 211〉…

…

〈槽 n〉〈侧面 $n1$〉〈值 $n11$〉…

…

〈侧面 nm〉〈值 $nm1$〉…

较简单的情景是用框架来表示诸如人和房子等事物。例如,一个人可以用其职业、身高和体重等项描述,因而可以用这些项目组成框架的槽。当描述一个具体的人时,再将这些项目的具体值填入相应的槽中。表 2-1 给出的是描述 John 的框架。

表 2-1　简单框架示例

John		
Isa	:	PERSON
Profession	:	PROGRAMMER
Height	:	1.8 m
Weight	:	79 kg

框架是一种通用的知识表达形式,对于如何运用框架系统还没有一种统一的形式,常常由各种问题的不同需要来决定。

(2)框架的推理

如前所述,框架是一种复杂结构的语义网络。因此,语义网络推理中的匹配和特性继承在框架系统中也可以实行。除此以外,由于框架用于描述具有固定格式的事物、动作和事件,因此可以在新的情况下,推论出未被观察到的事实。框架用以下几种途径来帮助实现这一点。

① 框架包含它所描述的情况或物体的多方面的信息。

② 框架包含物体必须具有的属性。在填充框架的各个槽时,要用到这些属性。

③ 框架描述它们所代表的概念的典型事例。

用一个框架来具体体现一个特定情况的过程经常不是很顺利。但当这个过程碰到障碍时,经常不必放弃原来的努力从头开始,而是有很多办法可想的。

① 选择和当前情况相对应的当前的框架片段,并把这个框架片段和候补框架相匹配,选择最佳匹配。

② 尽管当前的框架和要描述的情况之间有不匹配的地方,但仍然可以继续应用这个框架。

③ 查询框架之间专门保存的链,以提出应朝哪个方向进行试探的建议。

④ 沿着框架系统排列的层次结构向上移动(即从狗框架→哺乳动物框架→动物框架),直到找到一个足够通用并不与已有事实矛盾的框架。

2. 剧本表示法

剧本是框架的一种特殊形式,它用一组槽来描述某些事件的发生序列,就像剧本中的事件序列一样,故称为"剧本"或脚本。

(1)剧本的构成

一个剧本一般由以下各部分组成。

① 开场条件:给出在剧本中描述的事件发生的前提条件。

② 角色:用来表示在剧本所描述的事件中可能出现的有关人物的一些槽。

③道具:用来表示在剧本所描述的事件中可能出现的有关物体的一些槽。

④场景:描述事件发生的真实顺序,可以由多个场景组成,每个场景又可以是其他的剧本。

⑤ 结果:给出在剧本所描述的事件发生以后通常所产生的结果。

例如,以餐厅剧本为例说明剧本各个部分的组成。

① 开场条件

a. 顾客饿了,需要进餐。

b. 顾客有足够的钱。

② 角色

顾客,服务员,厨师,老板。

③ 道具

食品,桌子,菜单,钱。

④ 场景:5 个场景

• 场景 1:进入餐厅

a. 顾客走入餐厅。

b. 寻找桌子。

c. 在桌子旁坐下。

- 场景 2:点菜

a. 服务员给顾客菜单。

b. 顾客点菜。

c. 顾客把菜单还给服务员。

d. 顾客等待服务员送菜。

- 场景 3:等待

a. 服务员把顾客所点的菜告诉厨师。

b. 厨师做菜。

- 场景 4:吃菜

a. 厨师把做好的菜给服务员。

b. 服务员给顾客送菜。

c. 顾客吃菜。

- 场景 5:离开

a. 服务员拿来账单。

b. 顾客付钱给服务员。

c. 顾客离开餐厅。

⑤ 结果

a. 顾客吃了饭,不饿了。

b. 顾客花了钱。

c. 老板挣了钱。

d. 餐厅食品少了。

(2) 剧本的推理

一旦剧本被启用,则可以应用它来进行推理。其中最重要的是运用剧本可以预测没有明显提及的事件的发生。

例如,对于以下情节:"昨晚,约翰到了餐厅。他点了牛排。当他要付款时发现钱已用光。因为开始下雨了,所以他赶紧回家了。"

推理:"昨晚,约翰吃饭了吗?"

虽然上面的情节中没有提到约翰吃没吃饭的问题,但借助于餐厅剧本,可以回答:他吃了。因为启用了餐厅剧本,情节中的所有事件与剧本中所预测的事件序列相对应,可以推断出整个事件正常进行时所得出的结果。

剧本结构,比起框架这样的一些通用结构来,要呆板得多,知识表达的范围也很窄,因此不适用于表达各种知识,但对于表达预先构思好的特定知识,如理解故事情节等,是非常有效的。

总之,知识表示方法很多,本章介绍了其中的几种。

状态空间法是一种基于解答空间的问题表示和求解方法,它是以状态和操作符为基础的。在利用状态空间图表示时,从某个初始状态开始,每次加一个操作符,递增地建立起操作符的试验序列,直到达到目标状态为止。由于状态空间法需要扩展很多的节点,容易出现"组合爆炸",因而只适用于表示比较简单的问题。

问题归约法从目标(要解决的问题)出发,逆向推理,通过一系列变换把初始问题变换为子问题集合,直至最后归约为一个平凡的本原问题集合。这些本原问题的解可以直接得到,从而解决了初始问题,用与或图来有效地说明问题归约法的求解途径。问题归约法能够比状态空间法更有效地表示问题。状态空间法是问题归约法的一种特例。在问题归约法的与或图中,包含与节点和或节点,而在状态空间法中只含有或节点。

谓词逻辑法采用谓词合适公式和一阶谓词演算把要解决的问题变为一个有待证明的问题,然后采用消解定理和消解反演来证明一个新语句是从已知的正确语句导出的,从而证明这个新语句也是正确的。谓词逻辑是一种形式语言,能够把数学中的逻辑论证符号化。谓词逻辑法常与其他表示方法混合使用,灵活方便,可以表示比较复杂的问题。

语义网络是一种结构化表示方法,它由节点和弧线组成。节点用于表示物体、概念和状态,弧线用于表示节点间的关系。语义网络的解答是一个经过推理和匹配而得到的具有明确结果的新的语义网络。语义网络可用于表示多元关系,扩展后可以表示更复杂的问题。

框架是一种结构化表示方法。框架通常由指定事物各个方面的槽组成,每个槽有若干个侧面,而每个侧面又可拥有若干个值。大多数实用系统必须同时使用许多框架,并可把它们联成一个框架系统。框架表示已被广泛应用,然而并非所有问题都可以用框架表示。

剧本是框架的一种特殊形式,它使用一组槽来描述事件的发生序列。剧本表示特别适用于描述顺序性动作或事件,但使用不如框架灵活,因此应用范围也不如框架那么广泛。

在表示和求解比较复杂的问题时,采用单一的知识表示方法是远远不够的,往往必须采用多种方法混合表示。例如,综合采用框架、语义网络、谓词逻辑的过程表示方法(两种以上),可使所研究的问题获得更有效的解决。

此外,在选择知识表示方法时,还要考虑所使用的程序设计语言所提供的功能和特点,以便能够更好地描述这些表示方法。

2.2 搜 索 技 术

搜索是大多数人生活中的自然组成部分,在知识表示的基础上研究问题求解的方法,是人工智能研究的基础问题之一。本节中,将介绍几种基本搜索算法,并结合实例加深读者对算法的理解。

2.2.1 图搜索策略

本节介绍图搜索的一般策略,作为各种图搜索技术的基础。

1. 图搜索策略的定义

图搜索策略可看作一种在图中寻找路径的方法。初始节点和目标节点分别代表初始数据库和满足终止条件的数据库。求得把一个数据库变换为另一数据库的规则序列问题就等价于求得图中的一条路径问题。研究图搜索的一般策略,能够给出图搜索过程的一般步骤。

2. 图搜索算法中的几个重要名词术语

(1) OPEN 表与 CLOSE 表

OPEN 表	
状态节点	父节点

CLOSED 表		
编号	状态节点	父节点

(2) 一些基本概念

- 节点深度:根节点深度＝0;其他节点深度＝父节点深度＋1。
- 路径:设一节点序列为 $(n_0, n_1, \cdots, n_k)$,对于 $i=1, \cdots, k$,若节点 n_{i-1} 具有一个后继节点 n_i,则该序列称为从 n_0 到 n_k 的路径。
- 路径的耗散值:一条路径的耗散值等于连接这条路径各节点间所有耗散值的总和。用 $C(n_i, n_j)$ 表示从 n_i 到 n_j 的路径的耗散值。
- 扩展一个节点:生成该节点的所有后继节点,并给出它们之间的耗散值,这一过程称为"扩展一个节点"。

3. 图搜索的一般过程

(1) 建立一个只含有起始节点 S 的搜索图 G,把 S 放在一个叫作 OPEN 的未扩展节点表中。

(2) 建立一个叫作 CLOSED 的已扩展节点表,其初始为空表。

(3) LOOP:若 OPEN 表是空表,则失败退出。

(4) 选择 OPEN 表上的第一个节点,把它从 OPEN 表移出并放进 CLOSED 表中,称此节点为节点 n。

(5) 若 n 为一目标节点,则有解并成功退出,此解是追踪图 G 中沿着指针从 n 到 S 这条路径而得到的(指针将在第(7)步中设置)。

(6) 扩展节点 n,同时生成不是 n 的祖先的那些后继节点的集合 M。把 M 的这些成员作为 n 的后继节点添入图 G 中。

(7) 为那些未曾在 G 中出现过的(即未曾在 OPEN 表上或 CLOSED 表上出现过的)M 成员设置一个通向 n 的指针。把 M 的这些成员加进 OPEN 表。对已经在 OPEN 或 CLOSED 表上的每一个 M 成员,确定是否需要更改通到 n 的指针方向。对已在 CLOSED 表上的每个 M 成员,确定是否需要更改图 G 中通向它的每个后裔节点的指针方向。

(8) 按某一任意方式或按某个探试值,重排 OPEN 表。

(9) GO LOOP。

4. 图搜索方法分析

图搜索过程的第(8)步对 OPEN 表上的节点进行排序,以便能够从中选出一个"最好"的节点作为第(4)步扩展用。这种排序可以是任意的,即盲目的(属于盲目搜索),也可以用后面要讨论的各种启发思想或其他准则为依据(属于启发式搜索)。每当被选作扩展的节点为目标节点时,这一过程就宣告成功结束。这时,能够重现从起始节点到目标节点的这条成功路径,其办法是从目标节点按指针向 S 返回追溯。当搜索树不再剩有未被扩展的端节点时,过程就以失败告终(某些节点最终可能没有后继节点,所以 OPEN 表可能最后变成空表)。在失败终止的情况下,从起始节点出发,一定不能达到目标节点。

2.2.2 盲目搜索

盲目搜索是按预定的控制策略进行搜索,在搜索过程中获得的中间信息不用来改进控制策略。本节主要介绍两种盲目搜索方法:宽度优先搜索和深度优先搜索。

1. 宽度优先搜索

(1) 定义

如果搜索是以接近起始节点的程度依次扩展节点的,那么这种搜索就叫作宽度优先搜索(Breadth-first Search)。

（2）特点

这种搜索是逐层进行的；在对下一层的任一节点进行搜索之前，必须搜索完本层的所有节点。

（3）宽度优先搜索算法

① 把初始节点 s 放入 OPEN 表；

② 若 OPEN 表为空，则问题无解，退出；

③ 把 OPEN 表的第一个节点（记为节点 n）取出放入 CLOSE 表；

④ 考察节点 n 是否为目标节点，若是，则求得了问题的解，退出；

⑤ 若节点 n 不可扩展，则转第②步；

⑥ 扩展节点 n，将其子节点放入 OPEN 表的尾部，并为每一个子节点配置指向父节点的指针，然后转第②步。

（4）宽度优先搜索方法分析

宽度优先搜索是图搜索一般过程的特殊情况，将图搜索一般过程中的第⑧步具体化为本算法中的第⑥步，这实际是将 OPEN 表作为"先进先出"的队列进行操作。

宽度优先搜索方法能够保证在搜索树中找到一条通向目标节点的最短途径；这棵搜索树提供了所有存在的路径（如果没有路径存在，那么对有限图来说，我们就说该法失败退出；对于无限图来说，则永远不会终止）。

（5）举例：把宽度优先搜索应用于八数码难题时所生成的搜索树

这个问题就是要把初始棋局变为如下目标棋局的问题：

初始状态：　　　　　　目标状态：

2	3			1	2	3
1	8	4		8		4
7	6	5		7	6	5

使用的操作有：空格上移，空格下移，空格左移，空格右移。

这个问题的搜索过程如图 2-11 所示。

2. 深度优先搜索

（1）定义

在此搜索中，首先扩展最新产生的（即最深的）节点。深度相等的节点可以任意排列。

这种盲目（无信息）搜索叫作深度优先搜索（Depth-first Search）。

（2）特点

首先，扩展最深的节点的结果使得搜索沿着状态空间某条单一的路径从起始节点向下进行下去;只有当搜索到达一个没有后裔的状态时,它才考虑另一条替代的路径。

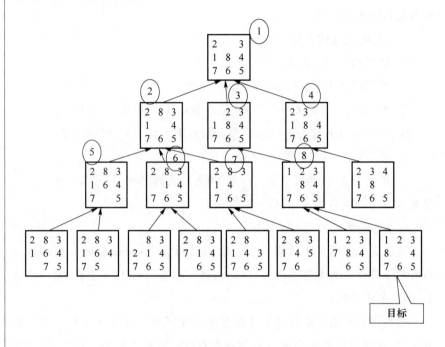

图 2-11　宽度优先搜索示例

（3）深度优先搜索算法

① 把初始节点 s 放入 OPEN 表;

② 若 OPEN 表为空,则问题无解,退出;

③ 把 OPEN 表的第一个节点(记为节点 n)取出放入 CLOSE 表;

④ 考察节点 n 是否为目标节点,若是,则求得了问题的解,退出;

⑤ 若节点 n 不可扩展,则转第②步;

⑥ 扩展节点 n,将其子节点放入 OPEN 表的首部,并为每个子节点配置指向父节点的指针,然后转第②步。

（4）深度界限

为了避免考虑太长的路径(防止搜索过程沿着无益的路径扩展下去),往往给出一个节点扩展的最大深度——深度界限。任何节点如果达到了深度界限,那么都将把它们作为没有后继节点处理。

（5）举例:把有界深度优先搜索(深度为4)应用于八数码难题时所生成的搜索树

这个问题就是要把初始棋局变为如下目标棋局的问题:

初始状态：　　　　　　目标状态：

2		3
1	8	4
7	6	5

1	2	3
8		4
7	6	5

使用的操作有：空格上移，空格下移，空格左移，空格右移。

这个问题的搜索过程如图 2-12 所示。

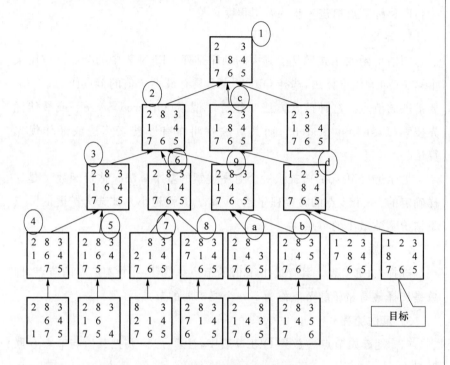

图 2-12　深度优先搜索示例

2.2.3　启发式搜索

盲目搜索效率低，耗费过多的计算空间与时间，这是组合爆炸的一种表现形式。进行搜索一般需要某些有关具体问题领域的特性的信息，把这种信息叫作启发信息。利用启发信息的搜索方法叫作启发式搜索。

有关具体问题领域的信息常常可以用来简化搜索。一个比较灵活（但代价也较大）的利用启发信息的方法是应用某些准则来重新排列每一步 OPEN 表中所有节点的顺序。然后，搜索就可能沿着某个被认为是最有希望的边缘区段向外扩展。应用这种排序过程，需要某些估算节点"希望"的量度，这种量度叫作估价函数（Evaluation Function）。

为获得某些节点"希望"的启发信息,提供一个评定候选扩展节点的方法,以便确定哪个节点最有可能在通向目标的最佳路径上。

$f(n)$表示节点n的估价函数值。

建立估价函数的一般方法:试图确定一个处在最佳路径上的节点的概率;提出任意节点与目标集之间的距离量度或差别量度;或者在棋盘式的博弈和难题中根据棋局的某些特点来决定棋局的得分。这些特点被认为与向目标节点前进一步的希望程度有关。

1. 定义

用估价函数f按照从小到大的顺序排列 OPEN 表中的节点。应用某个算法(如等代价算法)选择 OPEN 表上具有最小f值的节点作为下一个要扩展的节点。这种搜索方法叫作有序搜索(Ordered Search)或最佳优先搜索(Best-first Search),而其算法就叫作有序搜索算法或最佳优先算法。

尼尔逊(Nilsson)曾提出一个有序搜索的基本算法。估价函数f是这样确定的:一个节点的希望程序越大,其f值就越小。被选为扩展的节点是估价函数最小的节点。

2. 实质

选择 OPEN 表上具有最小f值的节点作为下一个要扩展的节点,即总是选择最有希望的节点作为下一个要扩展的节点。

3. 算法流程

(1) 把起始节点S放到 OPEN 表中,计算$f(S)$并把其值与节点S联系起来。

(2) 如果 OPEN 是个空表,则失败退出,无解。

(3) 从 OPEN 表中选择一个f值最小的节点i。结果有几个节点合格,当其中有一个为目标节点时,则选择此目标节点,否则就选择其中任一个节点作为节点i。

(4) 把节点i从 OPEN 表中移出,并把它放入 CLOSED 的扩展节点表中。

(5) 如果i是个目标节点,则成功退出,求得一个解。

(6) 扩展节点i,生成其全部后继节点。对于i的每一个后继节点j:

① 计算$f(j)$。

② 如果j既不在 OPEN 表中,也不在 CLOSED 表中,则用估价函数f把它添入 OPEN 表。从j指向其父辈节点i的指针,以便一旦找到目标节点时记住一个解答路径。

③ 如果 j 已在 OPEN 表或 CLOSED 表上,则比较刚刚对 j 计算过的 f 值和前面计算过的该节点在表中的 f 值。如果新的 f 值较小,则

a. 以此新值取代旧值。

b. 从 j 指向 i,而不是指向它的父辈节点。

c. 如果节点 j 在 CLOSED 表中,则把它移回 OPEN 表。

(7) 转向(2),即 GO TO(2)。

4. 算法分析

宽度优先搜索、等代价搜索和深度优先搜索都是有序搜索技术的特例。对于宽度优先搜索,选择 $f(i)$ 作为节点 i 的深度。对于等代价搜索, $f(i)$ 是从起始节点至节点 i 的这段路径的代价。

有序搜索的有效性直接取决于 f 的选择,如果选择的 f 不合适,有序搜索就可能失去一个最好的解甚至全部的解。如果没有适用的准确的希望量度,那么 f 的选择将涉及两个方面的内容:一方面是一个时间和空间之间的折中方案;另一方面是保证有一个最优的解或任意解。

5. 举例:八数码难题

采用简单的估价函数

$$f(n) = d(n) + W(n)$$

其中, $d(n)$ 是搜索树中节点 n 的深度; $W(n)$ 用来计算对应于节点 n 的数据库中错放的棋子个数。

比如,起始节点棋局

$$
\begin{matrix}
2 & 8 & 3 \\
1 & 6 & 4 \\
7 & & 5
\end{matrix}
$$

的 f 值等于 $0 + 4 = 4$。

$$
\begin{array}{|ccc|}
2 & 8 & 3 \\
1 & 6 & 4 \\
7 & & 5
\end{array}
\Longrightarrow
\begin{array}{|ccc|}
1 & 2 & 3 \\
8 & & 4 \\
7 & 6 & 5
\end{array}
$$

这个问题的搜索过程如图 2-13 所示。

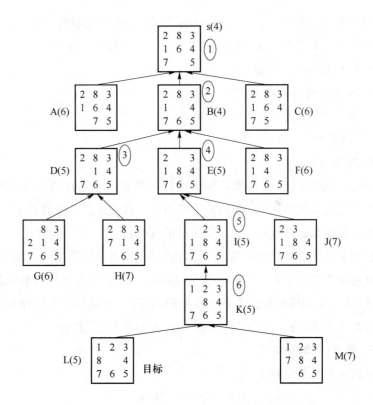

图 2-13　八数码问题的启发式算法搜索树

2.2.4　A*算法

A*算法是一种有序搜索算法,其特点在于对估价函数的定义上。在 A 算法中,如果满足条件:$h(n) \leqslant h^*(n)$,则 A 算法称为 A*算法。

1. 几个记号

令 $k(n_i, n_j)$ 表示任意两个节点 n_i 和 n_j 之间最小代价路径的实际代价(对于两节点间没有通路的节点,函数 k 没有定义)。于是,从节点 n 到某个具体的目标节点 t_i,某一条最小代价路径的代价可由 $k(n, t_i)$ 给出。令 $h^*(n)$ 表示整个目标节点集合 $\{t_i\}$ 上所有 $k(n, t_i)$ 中最小的一个,因此,$h^*(n)$ 就是从 n 到目标节点最小代价路径的代价,而且从 n 到目标节点能够获得 $h^*(n)$ 的任一路径就是一条从 n 到某个目标节点的最佳路径(对于任何不能到达目标节点的节点 n,函数 h^* 没有定义)。

2. 估价函数的定义

定义 g^* 为

$$g^*(n) = k(S, n)$$

定义函数 f^*,使得在任一节点 n 上其函数值 $f^*(n)$ 就是从节点 S 到节点 n 的一条最佳路径的实际代价加上从节点 n 到某目标节点的一条最佳路径的代价之和,即

$$f^*(n) = g^*(n) + h^*(n)$$

希望估价函数 f 是 f^* 的一个估计,此估计可由下式给出:

$$f(n) = g(n) + h(n)$$

其中,g 是 g^* 的估计;h 是 h^* 的估计。对于 $g(n)$ 来说,一个明显的选择就是搜索树中从 S 到 n 这段路径的代价,这一代价可以由从 n 到 S 寻找指针时,把所遇到的各段弧线的代价加起来给出(这条路径就是到目前为止用搜索算法找到的从 S 到 n 的最小代价路径)。这个定义包含了 $g(n) \geqslant g^*(n)$。$h^*(n)$ 的估计 $h(n)$ 依赖于有关问题领域的启发信息。这种信息可能与八数码难题中的函数 $W(n)$ 所用的那种信息相似。把 h 叫作启发函数。

3. A* 算法的定义

定义 1 在 GRAPHSEARCH 过程中,如果第(8)步的重排 OPEN 表是依据 $f(x) = g(x) + h(x)$ 进行的,则称该过程为 A 算法。

定义 2 在 A 算法中,如果对所有的 x 存在 $h(x) \leqslant h^*(x)$,则称 $h(x)$ 为 $h^*(x)$ 的下界,它表示某种偏于保守的估计。

定义 3 采用 $h^*(x)$ 的下界 $h(x)$ 为启发函数的 A 算法,称为 A* 算法。当 $h = 0$ 时,A* 算法就变为有序搜索算法。

4. A* 算法举例

采用简单的估价函数

$$f(n) = d(n) + p(n)$$

其中,$d(n)$ 是搜索树中节点 n 的深度;$p(n)$ 用来计算对应于节点 n 的数据库中错放的棋子的距离和。

比如,起始节点棋局

2	8	3
1	6	4
7		5

的 f 值等于 $0 + 5 = 5$。

2	8	3		1	2	3
1	6	4	⟹	8		4
7		5		7	6	5

这个问题的搜索过程如图 2-14 所示。

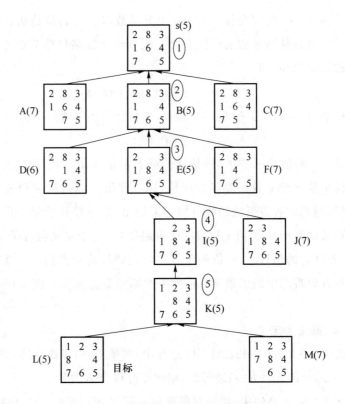

图 2-14　八数码问题的 A* 算法搜索树

2.3　本　章　小　结

本章介绍了几种常用的知识表示方法和智能搜索算法,这些内容是人工智能领域最基础的知识点,并与推理密切相关,各种知识表示方法和搜索策略的优劣将直接影响智能系统的性能与推理效率。

习　　题

1. 说出三种形式的知识表示方法。

2. 搜索为什么是 AI 系统的重要组成部分?

3. 状态空间图是什么?

4. 启发式搜索方法与盲目搜索方法有什么区别?

第 3 章

Python 编程简介

程序是计算机的灵魂,所有人工智能的思想和方法最终都是通过程序来实现和承载的。从 20 世纪 50 年代开始,程序设计经历了巨大发展,出现了各种用于程序设计的专用语言,即程序设计语言。Python 作为一种解释性的高级程序设计语言,由于其简洁、易学,而又功能丰富,吸引了大量用户,在人工智能领域也得到了广泛应用,例如知名的人工智能框架 Tensorflow、Pytorch 和 PaddlePaddle 等均是基于 Python 开发的。本章简要介绍 Python 的基本知识,为后续的人工智能基本方法的实践建立初步的基础。

3.1 IPython 及其使用

3.1.1 IPython 控制台

IPython 是一个交互式 Python 开发环境。主要的 Python 开发环境,例如 Anaconda 等,都包含了 IPython。用户可以利用其方便地进行开发。下列示例就是 IPython 的环境:

```
Python 3.4.4 (v3.4.4:737efcadf5a6, Dec 20 2015, 20:20:57) [MSC
v.1600 64 bit (AMD64)]
Type "copyright", "credits" or "license" for more information.
```

```
IPython 5.8.0 — An enhanced Interactive Python.

?                 -> Introduction and overview of IPython's features.
%quickref -> Quick reference.
help         -> Python's own help system.
object?     -> Details about 'object', use 'object?? 'for extra
details.
In [1]:
```

第一、二行说明环境使用的 Python 的版本。Python 有两个主流版本，即 Python 2.7 和 Python 3.4，其中 Python 2.7 在 2020 年后将不再被社区维护，所以建议使用 Python 3.4 及后续版本。

第三、四行是 IPython 的版本信息。

第五行至第九行是帮助相关提示性息。在提示符后输入"?"可以查看 IPython 的信息；"%"用于在 IPython 环境执行 UNIX/Linux Shell 命令；help 用于查看 Python 的帮助信息，输入"help( )"进入帮助环境；"object?"用于查看具体 object 的帮助信息，例如"int?"可以查看 int 的帮助信息。

第十行是提示符，In[ ]表示输入，上述帮助命令以及编程的具体输入都在该处输入，例如：

```
In [1]: a = 5
In [2]: a
Out[2]: 5
In [3]:
```

第一行输入"a = 5"，代表将 5 赋值给变量 a。第二行输入"a"，第三句为 IPython 自动输出，以 Out 开始，输出"5"，表示变量 a 目前的值已经为 5；输出后 IPython 继续输出提示符，等待用户交互。

3.1.2　语句与表达式

在 3.1.1 中我们使用了"a = 5"，这构成了一个完整的程序语句，用于执行一个具体的操作，即将 5 赋值给变量 a。程序由一系列这样的拥有不同功能的语句构成，从而可以执行各种复杂的操作。

语句由表达式构成，上述语句比较简单，仅包含表达式"a = 5"。表达式由常量（如"5"）、变量名（如"a"，每个变量都有自己的变量名）和操作符(如"＝",代表赋值)和函数(实现定义好的可以完成一系列操作的功能模块,有名字,即函数名,可以通过函数名调用)构成。

1. 常量

Python 支持整型、浮点型、复数、布尔型、字符串、列表等不同数据类型。某个数据的值如果是显式给出的,就是常量,如"23""12.12""2 ＋ 3j""True""False""Python for AI"等。常量可被用于赋值、计算、比较等不同操作,但常量本身的值不能被改变。

2. 变量

在程序执行过程中其值可以变化的量是变量。每个变量都有变量名,用来在程序中引用变量。变量命名必须遵循一定的规则,例如不能以数字开头,不能有空格和句点,不能使用 Python 中的保留字,例如"from""import""if""for""print"等,而且 Python 中变量名是大小写敏感的。

变量可以被赋值,但是常量不能被赋值。

```
In [13]: a = 5
In [14]: a
Out[14]: 5


In [19]: a = True
In [20]: a
Out[20]: True
In [21]: a = 'Hello'
In [22]: a
Out[22]: 'Hello'


In [23]: 2 = 3.
  File "< ipython-input-23-283f2fda3178 >", line 1
    2 = 3.
SyntaxError: can't assign to literal
```

3. 算术操作

Python 支持加减乘除和幂运算等算术运算,分别使用＋、－ 、＊、/和＊＊等运算符。

```
In [28]: a = 2 + 3
In [29]: b = a * 4
```

```
In [30]: c = a / b
In [31]: a
Out[31]: 5
In [32]: b
Out[32]: 20
In [33]: c
Out[33]: 0

In [34]: a = a + 1
In [35]: a
Out[35]: 6
```

第一行的作用是将两个常量整型 2 和 3 相加,结果赋值给变量 a,其他类似。注意,上述例子中除法的计算结果是 0,因为这里是两个整型数相除,所以按整除进行计算。需要注意,表达式"a = a + 1"的含义是将变量 a 的值和常量 1 相加,结果再赋值给变量 a。

4. 注释

为了增强程序的可读性,程序中应加注注释。Python 支持两类注释,分别面向行和面向程序块。"#"用于行注释,若代码中出现"#",其后的内容即为注释内容,不被解释器解释执行,例如:

```
a = 2 + 3
# 以上语句为赋值语句
```

一对三个单引号组(''')或者双引号组(""")把括在其中的行进行注释,例如:

```
a = 2 + 3
'''
以上语句为赋值语句
这两句是注释行
'''
```

5. 函数

当实现某一特定功能的代码在程序中要多次使用时,可以定义函数;当程序中需要实现该功能时调用这个函数就可以了。一个函数的结构如下:

```
def 函数名(参数 1,参数 2,参数 3,...):
    函数体
    return 返回的值
```

一般地,函数的定义主要包括三部分:函数名、函数体和返回值。

"def"是 Python 的关键字。函数一般都有函数名,函数名应该能反映函数的功能,函数名也应该遵循和变量名类似的约定。函数有一个用圆括号括起来的参数列表,用来向函数体传递信息。参数列表中可以有 1 到多个参数,中间用","隔开;参数一般为变量。函数名及参数列表用":"结束。函数体是函数功能实现的主要部分。return 语句用于返回函数的计算结果,可以返回 0 到多个返回值。

```
def add_func(a = 2, b = 3):
        #函数名和参数列表,有两个参数 a 和 b,两个参数默认值分别
为 2 和 3
    c = a + b
        #函数体,将 a,b 的值相加赋值给 c
    return c
        #返回 c 的值
```

定义好函数后,当程序需要实现该功能时就可以调用它,例如:

```
In [7]: def add_func(a = 2, b = 3):
  ...:         #函数名和参数列表,有两个参数 a 和 b,两个参数默认值
分别为 2 和 3
  ...:     c = a + b
  ...:         #函数体,将 a,b 的值相加赋值给 c
  ...:     return c
  ...:         #返回 c 的值
  ...:

In [8]:a = 1
In [9]: f = 5
In [10]:c = add_func(a, f)
In [11]:c
```

Out[11]：6

这里通过调用函数 add_func 将 a 和 f 两个变量的值相加,结果作为返回值赋值给变量 c。注意,函数中的参数变量 a、b 和变量 c 仅在函数中起作用。

除了自己定义函数,Python 还定义了一些内置函数,例如输出函数 print()、范围函数 range()、获取列表对象长度函数 len()等。

```
In [12]: print('This is an example for print function')
This is an example for print function


In [13]: print(a)
1
In [14]: print(add_func(b, c))
11
```

3.1.3　错误信息

程序会有语法或者逻辑上的错误,因此错误信息提示对程序员很重要。Python 有警告(Warning)和错误(Error)两类错误信息,警告一般不影响程序运行,但错误会导致程序无法继续运行。对于初学者,语法错误经常会碰到,例如下列代码段:

```
In [34]:a = d
Traceback (most recent call last):

  File "< ipython-input-34-860602904a34 >", line 1, in <module>
    a = d


NameError：name 'd' is not defined
```

这是一处语法错误,系统通过 NameError 指出变量"d"在此处使用(即将变量 d 的值赋给变量 a)前没有被定义。第二到第四行用于定位错误出现的语句,第五行说明错误原因。

3.1.4　模　块

Python 是一个开源的程序设计语言,有健全的开源生态系统支撑。开发人员开发了大量功能丰富、强大的软件库(例如数值计算库 NumPy、科学计算库 SciPy、绘图库 Matplotlib 等),以供开发人员使用,这些程序以模块的形式提供并被使用;使用时,需要使用"import"等关键字导入。

```
In [16]: import numpy
In [17]: numpy.sqrt(4)
Out[17]: 2.0

In [18]: import numpy as np
In [19]: np.sqrt(4)
Out[19]: 2.0

In [20]: from numpy import sqrt, exp
In [21]: sqrt(4)
Out[21]: 2.0
In [22]: exp(3)
Out[22]: 20.085536923187668
```

import numpy 只是导入 numpy 包,要调用其中的开方函数需要使用 numpy.sqrt()。可以利用关键字"as"给包起一个别名,例如其中的"np"。也可以指定要导入的函数,例如"from numpy import sqrt, exp",即导入其中的开放函数 sqrt()和底为自然对数的幂函数 exp(),这时就不需要指出包名或者其别名,而直接调用即可。

3.2　数　据　结　构

程序中的数据以一定的方式被组织在一起,一方面可以反映程序间的逻辑关系,另一方面便于程序操作。常见的数据结构包括对象、列表和数组。

3.2.1 对象和方法

Python 是面向对象的程序设计语言,其中凡事皆对象,即便是之前已经看到的整型数。

对象是数据和函数的组合体,数据用来表征对象的静态属性,简称属性;函数用来表征对象的动态属性,例如属于对象的各类操作,一般称为方法。

```
In [33]: f = 3.14
In [34]: f.is_integer()
Out[34]: False


In [35]: s = 'This is a string.'
In [36]: s.upper()
Out[36]: 'THIS IS A STRING.'
```

第一句的赋值语句在执行时,Python 会创建一个浮点型对象存储数值 3.14,并将名字 f 绑定到该对象。f.is_integer() 执行浮点型对象的 is_integer() 方法,判断该对象的值是否为整数,3.14 显然不是整数,因此返回布尔值 False。

同样的道理,s 是一个字符串对象。字符串对象的 upper() 方法将字符串中每个小写字符转换成大写。

3.2.2 列表

列表(List)是一系列对象的有序集合。可以将任意一个对象集合使用方括号括起来,创建一个列表对象,例如:

```
In [3]: l = [3.14, 4, 2 + 1j, 'c', 'string', [1, 2, 3]]
In [4]: l[0]
Out[4]: 3.14
In [5]: l[1]
Out[5]: 4
In [6]: l[2]
Out[6]: (2 + 1j)
```

```
In [7]：l[3]
Out[7]：'c'
In [8]：l[4]
Out[8]：'string'
In [9]：l[5]
Out[9]：[1, 2, 3]
In [10]：l[5][1]
Out[10]：2
In [11]：l[2:4]
Out[11]：[(2+1j),'c']
In [12]：l[-1]
Out[12]：[1, 2, 3]
In [13]：l[3:]
Out[13]：['c','string',[1, 2, 3]]
```

上述代码定义了一个包含浮点型数、整型数、复数、字符串等元素的列表,其最后一个元素本身也是一个列表。列表元素可通过索引值访问; ":"一般表示索引的范围,如 l[2:4]代表从第二个元素开始,到第四个元素结束,但不包括第四个元素的一个子列表;-1 索引表示最后一个元素。

列表对象有一些常用的方法,表 3-1 简单列出,不再一一举例,详细信息可以通过输入 help(list)获得。

表 3-1　列表对象函数

序号	方法	说明
1	list. append(x)	将一个元素追加到列表的结尾
2	list. extend(L)	将一个给定列表中的所有元素都追加到另一个列表中
3	list. insert(i, x)	在指定位置 i 插入一个元素 x
4	list. remove(x)	删除列表中值为 x 的第一个元素
5	list. pop([i])	从列表的指定位置删除元素,并将其返回
6	list. clear()	从列表中删除所有元素
7	list. count(x)	返回 x 在列表中出现的次数
8	list. index(x)	返回列表中第一个值为 x 的元素的索引
9	list. sort()	列表中的元素进行排序
10	list. reverse()	列表元素倒排序
11	list. copy()	返回列表的一个拷贝

3.2.3 数组

Python 并没有内置专门的数组类型,但是数组在数值计算和人工智能领域应用非常广泛,因此 NumPy 包提供了数组类型及相应的高效操作。

为了使用数组,需要导入 numpy 模块:

```
In [1]: import numpy as np
```

1. 创建数组

数组一般由相同类型的一组数组成,其中的每个数称为元素(Entry),数组可以是一维的,也可以是高维的。如下语句会创建一个一维数组:

```
In [8]: a = np.zeros(5)
In [9]: a
Out[9]: array([0., 0., 0., 0., 0.])
```

np.zeros() 的作用是创建一个每个元素值为 0 的数组;参数用于描述数组的形状,上述例子中整型数 5 即代表创建一个有 5 个元素的一维数组。

如果要创建一个二维数组,参数使用一个元组,例如:

```
In [10]: a = np.zeros([2,4])
In [11]: a
Out[11]:
array([[0., 0., 0., 0.],
       [0., 0., 0., 0.]])
```

上述参数说明要创建一个两行、四列的二维数组。容易看出,一个二维数组可以看作一个元素为一维数组的一维数组。

类似,还可以创建三维甚至更高维的数组。

```
In [14]: a = a = np.zeros([2, 3, 4])
In [15]: a
Out[15]:
```

```
array([[[0., 0., 0., 0.],
        [0., 0., 0., 0.],
        [0., 0., 0., 0.]],

       [[0., 0., 0., 0.],
        [0., 0., 0., 0.],
        [0., 0., 0., 0.]]])
```

除了 np.zeros()函数,我们经常还用 np.ones()函数,其产生的元素的值为 1。

函数 np.size()和 np.shape()可以获得数组的形状和大小,例如:

```
In [16]: np.size(a)
Out[16]: 24
In [17]: np.shape(a)
Out[17]: (2L, 3L, 4L)
```

np.size()返回的是数组的大小,而 np.shape()返回的是一个元组,同时反映了数组的维度和每个维度的元素个数。

2. 数组元素赋值

实际程序中需要给数组元素赋具体的、有意义的值;可以利用 NumPy 包中的 array()、arange()和 linspace()等函数进行赋值。

```
In [18]: a = np.array([1.57, 3.14, 6.28])
In [19]: a
Out[19]: array([1.57, 3.14, 6.28])


In [20]: b = np.array([[1.57, 3.14, 6.28], [0.5, 1., 2.]])
In [22]: b
Out[22]:
array([[1.57, 3.14, 6.28],
       [0.5 , 1.  , 2.  ]])
```

利用 np.array[]可以创建不同维度、不同大小的数组并进行赋值,其中数组元素的值按照维度要求事先组织成相应的元组,作为参数传递给 array()函数。上述例子中创建了一个一维数组 a 和二维数组 b,其中二维数组由两个一维数组组成。

数组元素的值可能是一些等差数列,例如,如果想创建一个从 0 开始、步长为 0.5 的 10 个元素,可以利用 np. arange() 函数,代码可以如下:

In〔24〕：a = np. arange(0, 5, 0.5)

In〔25〕：a
Out〔25〕：array(〔0. , 0.5, 1. , 1.5, 2. , 2.5, 3. , 3.5, 4. , 4.5〕)

还有一些比较简洁的方法,例如:

In〔26〕：b = np. arange(1, 5)
In〔27〕：b
Out〔27〕：array(〔1, 2, 3, 4〕)

In〔28〕：c = np. arange(5)
In〔29〕：c
Out〔29〕：array(〔0, 1, 2, 3, 4〕)

np. linspace() 和 np. arange() 类似,只是指定一个闭区间,并将该区间分成一定等分,具体如下,读者可以自己体会二者的区别。

In〔30〕：a = np. linspace(0, 5, 10)

In〔31〕：a
Out〔31〕：
array(〔0.   , 0.55555556, 1.11111111, 1.66666667,
        2.22222222, 2.77777778, 3.33333333, 3.88888889,
        4.44444444, 5.   〕)

3. 数组元素访问

数组的元素可以通过指定索引的方式访问,Python 中,索引值从 0 开始。实际使用时,可以对元素进行赋值,也可以获取元素值用于计算等。

In〔32〕：a = np. array(〔〔1.57, 3.14, 6.28〕,
        ... : 〔0.5, 1. , 2.〕〕)
In〔33〕：a〔0〕
Out〔33〕：array(〔1.57, 3.14, 6.28〕)

```
In [34]: a[0, 1]
Out[34]: 3.14
In [35]: a[1, 2]
Out[35]: 2.0
In [36]: a[0, 2] = 9.52
In [37]: a
Out[37]:
array([[1.57, 3.14, 9.52],
       [0.5 , 1.  , 2.  ]])
```

数组切片用于从数组中抽取出多个元素,语法为 a[起始索引:终止索引:步长]。切片操作既可以用于一维数组,也可以用于高维数组。

```
In [67]: a = np.arange(0, 10, 1)
In [68]: a
Out[68]: array([0, 1, 2, 3, 4, 5, 6, 7, 8, 9])
In [69]: a[2:8:2]
Out[69]: array([2, 4, 6])
In [70]: a[:5]
Out[70]: array([0, 1, 2, 3, 4])
a[5:]
Out[71]: array([5, 6, 7, 8, 9])
```

```
In [90]: a = np.array([[1, 4, 7],
    ...: [2, 5, 8],
    ...: [3, 6 ,9]])
In [91]: a[1:]
Out[91]:
array([[2, 5, 8],
       [3, 6, 9]])
In [92]: a[:1]
Out[92]: array([[1, 4, 7]])
In [93]: a[1:,1:]
Out[93]:
```

```
array([[5, 8],
        [6, 9]])
```

```
In [94]: a[:2,:2]
Out[94]:
array([[1, 4],
        [2, 5]])
```

4. 数组整体操作

计算中,经常要对数组整体或者部分进行操作,例如数组的堆叠、展平等。

利用 hstack()和 vstack()函数,可以实现两个数组水平或者垂直堆叠,例如:

```
In [44]: a = np.zeros([2, 3])
In [45]: b = np.ones([2, 3])
In [46]: h = np.hstack([a, b])
In [47]: h
Out[47]:
array([[0., 0., 0., 1., 1., 1.],
        [0., 0., 0., 1., 1., 1.]])
In [48]: v = np.vstack([a, b])
In [49]: v
Out[49]:
array([[0., 0., 0.],
        [0., 0., 0.],
        [1., 1., 1.],
        [1., 1., 1.]])
```

NumPy 的 ravel()和 flatten()方法可以将高维数组重新打包成一维数组。注意,二者均没有更改原数组,只是返回一个和原数组拥有相同元素的新数组。

```
In [90]: a = np.array([[1, 4, 7],
    ...: [2, 5, 8],
    ...: [3, 6 ,9]])
```

```
In [95]: b = np.ravel(a)
In [96]: b
Out[96]: array([1, 4, 7, 2, 5, 8, 3, 6, 9])


c = a.flatten()
c
Out[98]: array([1, 4, 7, 2, 5, 8, 3, 6, 9])


In [99]: b[0] = 11
In [100]: c[0] = 22


In [101]: a
Out[101]:
array([[11,  4,  7],
       [ 2,  5,  8],
       [ 3,  6,  9]])


In [102]: b
Out[102]: array([11, 4, 7, 2, 5, 8, 3, 6, 9])


In [103]: c
Out[103]: array([22, 4, 7, 2, 5, 8, 3, 6, 9])
```

ravel()方法返回的是一个和原数组访问同一数据的对象,上例中,修改 b 的元素的值,a 的对应元素的值也会改变;而 flatten()返回的是一个新数组,例如修改 c 的元素的值就不会改变 a 的对应元素的值。

也可以把一个一维数组改变成高维数组,reshape()函数可以在数组元素个数相同的情形下改变数组的形状。

```
In [104]: a = np.arange(12)


In [105]: b = np.reshape(a, [3, 4])
In [106]: b
Out[106]:
```

```
array([[ 0,  1,  2,  3],
       [ 4,  5,  6,  7],
       [ 8,  9, 10, 11]])


In [107]: c = b.reshape([2,6])
In [108]: c
Out[108]:
array([[ 0,  1,  2,  3,  4,  5],
       [ 6,  7,  8,  9, 10, 11]])
In [109]: d = c.reshape([2,3,2])
In [110]: d
Out[110]:
array([[[ 0,  1],
        [ 2,  3],
        [ 4,  5]],

       [[ 6,  7],
        [ 8,  9],
        [10, 11]]])
```

3.3 程序控制

3.3.1 分支结构

程序执行过程不是"一根筋"的,经常需要根据一定的条件来决定后续执行什么操作,因此程序中存在分支结构。

1. 程序结构

程序的分支结构一般包括两部分,即条件判断语句和可能的执行语句,主要的语句形式是"if…elif…else…"。

```
In [1]: import numpy as np
```

```
In [2]: a = 2. * np.random.random()

In [3]: if(a >= 1.0):
   ...:     print('Neuron is activated.')
   ...: elif(a >= 0.5 & a < 1.0):
   ...:     print('Neuron is likely activated.')
   ...: else:
   ...:     print('Neuron is not activated.')
   ...:
Neuron is activated.

In [4]: a
Out[4]: 1.067847591054833
```

上述代码的功能是先利用 NumPy 包的 random 对象的 random 方法
生成一个 2.0 以内的正随机数;然后根据 a 的值执行不同的分支。

首先判断该值是否大于 1,由判断语句"if(a>=1.0)"完成;如果条件
成立,则执行语句"print('Neuron is activated.')"。正如上述执行结果所
示,由于 a 的值为 1.067847591054833,所以条件满足,该分支被执行,输
出"Neuron is activated."。

如果 a 的值比 1.0 小,程序又会怎么处理呢? 上述程序又分了两种情
形,包含了两个可能的分支,若 a 的值在区间[0.5,1),则执行语句"print
('Neuron is likely activated.')",否则,执行"print('Neuron is not activated.')"。

其中,"elif"产生新的分支,但必须要指定新的条件,分支结构中"elif"
可以有 0 到多个。如果有些操作需要在"if"和"elif"语句中的条件都不满
足时执行,就在语句"else"中引入一个新的分支,例如上例中的"print
('Neuron is not activated.')"语句。

在很多时候,"elif"和"else"分支并不是必需的,例如如下代码。

```
In [8]: a = 2. * np.random.random()

In [9]: if(a >= 1):
   ...:     print('Neuron is activated.')
   ...:
In [10]: a
```

```
Out[10]: 0.006986772989221901

In [15]: a = 2. * np.random.random()

In [16]: if(a >= 1):
    ...:      print('Neuron is activated.')
    ...: else:
    ...:      print('Neuron is not activated.')
    ...:
Neuron is not activated.

In [17]: a
Out[17]: 0.9930363351122313
```

2. 条件表达式和布尔型数据类型

上述例子中,跟在"if"和"elif"后括号里进行条件判断的语句主要由条件表达式组成。条件表达式返回一个布尔值"True"(真)或"False"(假),表示条件满足与否。常见的表达式有算术比较运算(如表 3-2 所示)、元组、列表是否为空判断、逻辑运算以及一些对象的返回布尔值的方法等。

表 3-2　算数运算符

序号	运算符	使用	含义
1	==	a == b	如果 a 和 b 相等,返回 True,否则返回 False
2	!=	a != b	如果 a 和 b 不相等,返回 True,否则返回 False
3	>	a > b	如果 a 大于 b,返回 True,否则返回 False
4	>=	a >= b	如果 a 大于等于 b,返回 True,否则返回 False
5	<	a < b	如果 a 小于 b,返回 True,否则返回 False
6	<=	a <= b	如果 a 小于等于 b,返回 True,否则返回 False

逻辑运算是计算机科学中和算术运算一样普遍的一类计算,用于逻辑关系的判断,常见的逻辑运算有 &(与)、|(或)、not(非)和~(异或)等,具体如表 3-3 所示。

表 3-3　逻辑运算符

序号	运算符	使用	含义
1	&	a & b	只有当 a 和 b 均为 True 时返回 True
2	|	a | b	只要 a 和 b 有一个为 True,就返回 True
3	ˆ	a ˆ b	只有 a 和 b 不同时为 True 或 False 时返回 True
4	not	not a	对 a 取反并返回

注:a 和 b 的值均为布尔型。

3.3.2　循环结构

程序中,经常会针对一个或者一组对象执行一些相同或相似的操作,这通过程序的循环结构来实现。循环结构一般由循环条件和循环体两部分构成。Python 支持两种类型的循环,分别是 for 循环和 while 循环。

1. for 循环

要遍历一个列表、数组或者某个范围内的所有元素,可以使用 for 循环。

```
In [4]: a = np.arange(0,3, 0.5)


In [5]: for ele in a:
   ...:     b = ele ** 3 + 1
   ...:     print(ele, b)
   ...:
(0.0, 1.0)
(0.5, 1.125)
(1.0, 2.0)
(1.5, 4.375)
(2.0, 9.0)
(2.5, 16.625)
```

上述代码中,“for ele in a”用于遍历数组 a,其中 a 是要被遍历的对象,可以是元组、列表、数组、集合或者字典等数据类型;ele 是循环变量,每次执行均取遍历对象中的一个元素;“for”和“in”是关键字,共同构成循环条件。“for”以下的两条语句是循环体,用于在循环中对每个元素进行操作。

下面是遍历一个范围内所有元素的例子，其中 range() 是一个 Python 内置的函数。

```
for ele in  range(0, 5, 1):
    ...:      b = ele ** 3 + 1
    ...:      print(ele, b)
    ...:
```

(0, 1)

(1, 2)

(2, 9)

(3, 28)

(4, 65)

2. while 循环

for 循环以是否遍历完特定的元素为隐含的循环条件，while 循环则不同，一般专门设置显式的条件，例如：

```
i = 0

while(i * i <= 25):
    print(i, i * i)
    i = i + 1
```

(0, 0)

(1, 1)

(2, 4)

(3, 9)

(4, 16)

(5, 25)

其中，i 是循环变量，"i * i <= 25"是显式的循环条件，当条件满足时执行循环体，即接下来的两句。和 for 循环不同，循环变量 i 在循环体中显式地变化，即"i = i + 1"。

使用循环结构时一定要注意不能陷入死循环，即循环条件永远满足，例如上例中把语句"i = i + 1"在输入时遗忘了。

3.4 脚 本

3.4.1 脚本设计

到目前为止我们均在 IPython 控制台的交互式环境中进行编程。IPython 控制台虽然使用很方便,但是每次都需要重新输入代码,即便是这些代码刚刚使用过。

一段代码应该可以被重复使用,简称重用,这样才有意义。为了能够重用,需要将代码保存起来。保存起来的拥有比较完整功能的代码,就是程序。Python 程序是解释执行的,因此一般被称为脚本。

我们可以使用任何文本编辑工具,例如 Vim、Notebook 等,编辑程序,也可以使用专门的集成开发环境,例如 Spyder 等。编辑好的程序需要保存为文件,文件名应该能反映程序的功能,而且一般使用扩展名".py"。

脚本程序除了必须拥有特定功能之外,还应该满足一定的格式要求。脚本一般以一行或两行功能性注释开始:

#!usr/bin/env python3
#-*-coding: utf-8 -*-

第一句用于指定 python 解释器的位置,由一个"#"和一个"!"组成,表示执行该程序默认的解释器是系统中的 python3 解释器。第二行用于指定源代码编码,例子中指出支持 utf-8 编码,如果代码中包含中文字符(包括注释中),程序应该包含这一行。

功能性注释之后一般是一些模块导入语句,用于导入程序中需要使用的包和模块,然后就是程序主体了。程序主体由各类语句和注释信息组成。

在程序主体中,需要注意的就是缩进了。细心的读者应该已经发现,在函数定义中,函数体的语句相对函数名和参数列表都缩进了,相邻的拥有相同缩进的代码构成一个代码块。在控制结构中也类似。缩进一般为一个"Tab"键。

以下是一段完整的实现冒泡排序功能的代码:

```
# -*- coding：utf-8 -*-
# ch03\\BubbleSort.py
#冒泡排序
list = [8, 1, 2, 66, 5, 123]
def BubbleSort()：
    for i in range(len(list))：
        for j in range(i)：
            if list[j] > list[j + 1]：
                list[j],list[j + 1] = list[j + 1],list[j]
    return list

print("冒泡排序")
list = BubbleSort()
print(list)
```

3.4.2　脚本执行

保存的代码可以使用多种方式执行。在 IPython 控制台中,可以使用%run 命令执行保存的纯文本的 Python 脚本,例如：

```
In [5]：% run "d：\\AI\\ch03\\BubbleSort.py"
冒泡排序
[1, 2, 5, 8, 66, 123]
```

注意,%run 命令后跟脚本的路径,可以是绝对路径,也可以是相对路径。上例中路径中的分隔符使用"\\",是因为在 Windows 系统中,分隔符为"\",所以前边加了一个转义字符,从而形成了"\\",在 UNIX 和类 UNIX 系统中,使用"/"即可。

也可以直接调用解释器程序执行,例如在系统的命令行环境可以执行：

```
D：\AI > python3 .\BubbleSort.py
冒泡排序
[1, 2, 5, 8, 66, 123]
```

上述例子是 Windows 系统中的执行情况，如果是 UNIX 等系统，则为

```
$ python3 ./BubbleSort.py
冒泡排序
[1, 2, 5, 8, 66, 123]
```

如果文件有可执行权限，可以直接使用 source 或者"."命令，例如：

```
$ source ./BubbleSort.py
冒泡排序
[1, 2, 5, 8, 66, 123]
```

这时候系统会根据命令注释行找到指定的解释器解释执行。

3.5　输入、输出与可视化

3.5.1　输入与输出

　　大多程序都要处理大量的数据，本节主要讲解 Python 中文件的输入和输出，控制台的输入（input()函数）、输出（print()函数）比较简单，读者可以自己通过文档自学。

　　为了能够永久保存程序、数据等，计算机系统将这些信息按一定方式组织起来进行存储，称之为文件。人工智能系统涉及大量数据，这些数据以一定的格式被保存在本机或者远程的文件中，程序在使用时需要将这些数据从文件系统导入程序中。

　　Python 中，文件使用一般包括三个步骤，即打开、使用（读取或者写入）和关闭。Python 内置的 open()函数用于打开文件，其语法如下：

```
file object = open(file_name [, access_mode][, buffering])
```

返回值：新创建的 file 类型对象。

file_name：访问的文件路径，为字符串。

access_mode：文件的打开模式，可以是只读'r'、只写'w'、追加'a'、读写'r＋'、文本't'、二进制'b'等，不同模式可以组合使用，默认文件访问

模式为只读。

buffering：是否缓冲，0-不缓冲，1-缓冲，>1-设置缓冲区大小。

例如我们打开"ex01.csv"文件（一个 CSV，即逗号分隔文件），创建的对象被 f 引用。file 对象的 name、mode 和 closed 属性分别表示文件的文件名、打开模式和是否关闭。

```
In [5]: f = open('ex01.csv','r')
In [6]: f
Out[6]: <open file 'ex01.csv', mode 'r' at 0x0000000002F370C0>
In [8]: f.name
Out[8]: 'ex01.csv'
In [9]: f.mode
Out[9]: 'r'
In [10]: f.closed
Out[10]: False
```

要读取文件内容，我们使用 file 对象的 read() 方法，例如：

```
In [11]: st = f.read()
In [12]: st
Out[12]: '1, 2, 3, 4, Hello\n5, 6, 7, 8, World\n9, 10, 11, 12, Foo\n'
In [13]: st = f.read()
In [14]: st
Out[14]: '
```

read() 方法读取文件的全部内容，返回一个字符串，例子中的"\n"表示"回车"符号。文件读写时系统维护一个读写指针，指向文件读取的位置，一次操作完成后，指针留在本次操作的最后位置。因此，上述例子中第二个 read() 函数返回一个空字符串""，原因请读者思考。文件读写指针可以使用 seek() 方法改变。read() 方法可以带一个整型数作为参数，表示本次读取的字节数。如果要读一行内容，可以使用 readline() 方法。

```
f.seek(0, 0)
In [22]: st = f.read(20)
In [23]: st
```

```
Out[23]: '1, 2, 3, 4, Hello\n5,'
In [24]: f.seek(0, 0)
In [25]: st = f.readline()
In [26]: st
Out[26]: '1, 2, 3, 4, Hello\n'
```

文件使用完后,需要使用 close()方法关闭。

```
In [27]: f.close()

In [28]: f.closed
Out[28]: True
```

写文件可以使用 file 对象的 write()方法,注意要写的文件必须是以写('w')的方式打开。以下例子中,写操作发生后,[36]和[38]提示符均执行显示文件内容的系统命令,但输出结果却不一致,为什么?

```
In [34]: f = open('ex02.csv','w')
In [35]: f.write('1, 2, 3\nWrite example.')
In [36]: ! type ex02.csv

In [37]: f.close()
In [38]: ! type ex02.csv
1, 2, 3
Write example.
```

numpy 和 pandas 包提供了更加丰富便捷的文件使用方法,例如我们要将'ex03. csv'文件的内容加载到一个二维数组中,可以直接使用 NumPy 中的 loadtxt()方法;如果要输出数据,可以使用 savetxt()方法; delimiter 参数用于指定以什么为数据之间的分隔符,因为我们使用 CSV 文件,因此分隔符都用','。

```
In [32]: arr = np.loadtxt('ex03.csv',delimiter = ',')
In [33]: arr
Out[33]:
array([[ 1.,  2.,  3.,  4.],
       [ 5.,  6.,  7.,  8.],
```

$$[9.,10.,11.,12.]])$$

In [39]：np. savetxt('ex04. csv',arr,delimiter =',')

In [40]：! type ex04. csv

1. 000000000000000000e + 00,2. 000000000000000000e + 00,

3. 000000000000000000e + 00,4. 000000000000000000e + 00

5. 000000000000000000e + 00,6. 000000000000000000e + 00,

7. 000000000000000000e + 00,8. 000000000000000000e + 00

9. 000000000000000000e + 00,1. 000000000000000000e + 01,

1. 100000000000000000e + 01,1. 200000000000000000e + 01

3.5.2 数据可视化

绘图是数据分析的重要的任务之一,图像可以直观地反映变化趋势、分布规律和相互关系等,因此经常需要将数据以图形化的方式展示。Python 没有内置绘图函数,但 Matplotlib 包的 PyPlot 模块提供了丰富的绘图函数,其导入方式如下:

In [32]：import matplotlib. pyplot as plt

一段简单的绘图程序如下:

In [49]：n_point = 10

In [50]：x_min, x_max = 0, 6

In [51]：x_v = np. linspace(x_min, x_max, n_point)

In [52]：y_v = x_v ** 2

In [53]：plt. plot(x_v, y_v)

Out[53]：[< matplotlib. lines. Line2D at 0xcd261d0 >]

In [54]：plt. show()

上述语句执行后,会弹出右侧窗口,窗口内部即为所画图形——一个二次函数的局部,如图 3-1 所示。plot()方法的作用是接受 x、y 坐标,并绘制出曲线;show()方法的作用是将图像对象在系统中显示出来(也就是弹出窗口并显示)。

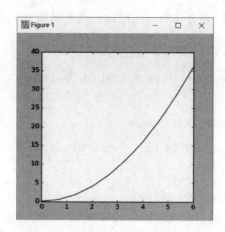

图 3-1　利用 Matplotlib 绘制的图

图像中线条的颜色、线型和数据点标记可以自主设置，例如如果我们修改 plot()方法为

plt.plot(x_v, y_v,'g—o')

则画出的图如图 3-2 所示。

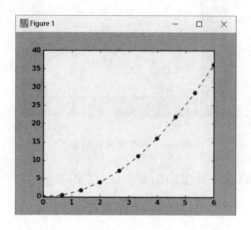

图 3-2　改变线型和数据点标记后的图形

plot()方法的第三个参数设置绘图的颜色、线型和数据点标记。字符串中第一个字符表示颜色，'r'代表红色，'g'代表绿色，'b'代表蓝色，'k'代表黑色；紧接着是线型，'-'代表实线，':'代表点线，'--'代表虚线，'-.'代表点划线；最后一个字符表示数据点标记，'.'代表小点，'o'代表空心圆，'v'代表下三角，'^'代表上三角等。

绘图时，图形的标题、坐标轴标签、坐标轴的坐标范围、图例等属性均可以根据需要设置（如下代码），代码运行结果如图 3-3 所示。

```
In [62]: plt.title('The Second Plot')
Out[62]: <matplotlib.text.Text at 0xd1e53c8>

In [63]: plt.xlabel('Time')
Out[63]: <matplotlib.text.Text at 0xcab4b38>

In [64]: plt.ylabel('Speed')
Out[64]: <matplotlib.text.Text at 0xce15c18>

In [65]: plt.show()
```

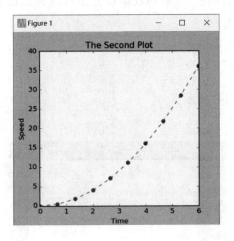

图 3-3　有更多属性的图形

此外，也可以画分布直方图（如图 3-4 左图所示）、散点图（如图 3-4 右图所示）等，例如：

```
In [67]: plt.hist(np.random.randn(100), bins = 20, color = 'k',
alpha = 0.3)
Out[67]:
(array([ 1.,  2.,  2.,  1.,  2.,  5.,  9.,  8.,  15.,  7.,
  10.,  7.,  6.,  13.,  1.,  5.,  2.,  2.,  1.,  1.]),
  array([ -2.68546099,  -2.42551553,  -2.16557008,
      -1.90562462,  -1.64567917,  -1.38573372,  -1.12578826,
      -0.86584281,  -0.60589735,  -0.3459519 ,  -0.08600645,
```

```
        0.17393901，0.43388446，0.69382992，0.95377537，

        1.21372082，1.47366628，1.73361173，1.99355718，

        2.25350264，2.51344809]），
<a list of 20 Patch objects>）


In ［68］: plt.show()



In ［69］: plt.scatter(np.arange(30)，np.arange(30) + 3 * np.
random.randn(30))
    Out ［69］: < matplotlib. collections. PathCollection at
0x11805588>


In ［70］: plt.show()
```

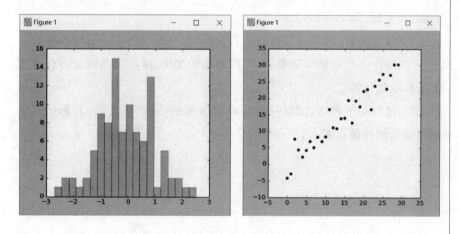

图 3-4　直方图(左)与散点图(右)

3.6　本 章 小 结

　　本章主要介绍 Python 编程的一些简单内容，包括交互式环境 IPython 控制台使用、Python 基本语法、数组、脚本设计、输入输出与可视化等内容。通过本章学习，读者可以使用 IPython 控制台进行交互式的编程，也可以编写较为简单的脚本，为后续学习中阅读书中示例代码并实现

相应算法奠定基础。

习   题

1. 在 Python 中导入模块中的对象有哪几种方式？

2. 编写程序，用户输入一个三位以上的整数，输出其百位以上的数字。例如，用户输入 1234，则程序输出 12。（提示：使用整除运算。）

3. 编写程序，用户输入一个列表和 2 个整数作为下标，然后输出列表中介于 2 个下标之间的元素组成的子列表。例如，用户输入[1,2,3,4,5,6]和 2,5，程序输出[3,4,5,6]。

4. 编写程序，运行后用户输入 4 位整数作为年份，判断其是否为闰年。如果年份能被 400 整除，则为闰年；如果年份能被 4 整除但不能被 100 整除也为闰年。

5. 编写程序，用户从键盘输入小于 1 000 的整数，对其进行因数分解。例如，$10=2\times5,60=2\times2\times3\times5$。

6. 编写函数，判断一个整数是否为素数，并编写主程序调用该函数。

7. 设计一个三维向量类，并实现向量的加法、减法以及向量与标量的乘法和除法运算。

8. 编写一个程序，读取一个存放学生成绩的 CSV 文件，并画出其中两门课成绩的散点图。

第 4 章

分类与聚类

机器学习(Machine Learning，ML)是一门多领域交叉学科,涉及概率论、统计学、逼近论、凸分析、算法复杂度理论等多门学科。机器学习中有常见的两类问题,一个是分类,另一个是聚类。在分类中,已知存在哪些类,要做的就是将每一条记录分别属于哪一类标记出来。而聚类是在预先不知道目标数据库到底有多少类的情况下,希望将所有的记录组成不同的类。最常见的分类和聚类方法有 K 最近邻算法、朴素贝叶斯、决策树、随机森林和 K 均值聚类算法。本章主要介绍这些常见方法的基本原理和应用。

4.1　K 最近邻算法

4.1.1　算法概述

K 最近邻(K-Nearest Neighbor,KNN)算法是一个理论上比较成熟的方法,也是最简单的机器学习算法之一。该方法的思路是:如果一个样本在特征空间中 k 个最相似(即特征空间中最邻近)的样本的大多数属于某一个类别,则该样本也属于这个类别。KNN 算法中,所选择的邻居都是已经正确分类的对象。该方法在分类决策上只依据最邻近的一个或者几个样本的类别来决定待分样本所属的类别。KNN 算法虽然从原理上也依赖于极限定理,但在类别决策时,只与极少量的相邻样本有关。由于KNN 算法主要靠周围有限的邻近样本,而不是靠判别类域的方法来确定所属类别,因此对于类域的交叉或重叠较多的待分样本集来说,KNN 算法较其他方法更为适合。

KNN 算法不仅可以用于分类,还可以用于回归。通过找出一个样本的 k 个最近邻居,将这些邻居属性的平均值赋给该样本,就可以得到该样本的属性。更有用的方法是将不同距离的邻居对该样本产生的影响给予不同的权值(Weight),如权值与距离成反比。

4.1.2　基本思想

(1) 准备数据,对数据进行预处理。

(2) 选用合适的数据结构存储训练数据和测试元组。

(3) 设定参数,如 k。

(4) 维护一个大小为 k 的按距离由大到小的优先级队列,用于存储最近邻训练元组。随机从训练元组中选取 k 个元组作为初始的最近邻元组,分别计算测试元组到这 k 个元组的距离,将训练元组标号和距离存入优先级队列。

(5) 遍历训练元组集,计算当前训练元组与测试元组的距离。

(6) 将所得距离 L 与优先级队列中的最大距离 L_{max} 进行比较。若 $L \geqslant L_{max}$,则舍弃该元组,遍历下一个元组。若 $L < L_{max}$,则删除优先级队列中最大距离的元组,将当前训练元组存入优先级队列。

(7) 遍历完毕,计算优先级队列中 k 个元组的多数类,并将其作为测试元组的类别。

(8) 测试元组集测试完毕后计算误差率,继续设定不同的 k 值重新进行训练,最后取误差率最小的 k 值。

4.1.3　算法实践

sklearn 包内置了鸢尾花数据集,其中存储花萼长宽(特征 0 和 1)和花瓣长宽(特征 2 和 3),target 存储花的分类:Iris-setosa(山鸢尾)、Iris-versicolor(变色鸢尾)和 Iris-virginica(弗吉尼亚鸢尾),如图 4-1 所示,分别标记为数字 0、1 和 2。

图 4-1　山鸢尾、变色鸢尾和弗吉尼亚鸢尾

```
from sklearn.datasets import load_iris
iris = load_iris()
iris.data.shape
from sklearn.model_selection import  train_test_split
X_train, X_test, y_train, y_test = train_test_split(iris.
data, iris.target, test_size = 0.25, random_state = 33)
from sklearn.preprocessing import StandardScaler
from sklearn.neighbors import KNeighborsClassifier
ss = StandardScaler()
X_train = ss.fit_transform(X_train)
X_test = ss.transform(X_test)
knc = KNeighborsClassifier()
knc.fit(X_train, y_train)
y_predict = knc.predict(X_test)
print ('The accuracy of K-Nearest Neighbor Classifier is', knc.
score(X_test, y_test))
```

The accuracy of K-Nearest Neighbor Classifier is 0.8947368421052632

```
from sklearn.metrics import classification_report
print (classification_report(y_test, y_predict, target_names
= iris.target_names))
```

代码运行结果如表 4-1 所示。

表 4-1　KNN 分类统计结果

	Precision	Recall	Fl-score	Support
setosa	1.00	1.00	1.00	8
versicolor	0.73	1.00	0.85	11
virginica	1.00	0.79	0.88	19
accuracy			0.89	38
macro avg	0.91	0.93	0.91	38
weighted avg	0.92	0.89	0.90	38

4.2　朴素贝叶斯

4.2.1　算法概述

贝叶斯方法是以贝叶斯原理为基础,使用概率统计的知识对样本数据集进行分类。由于其有着坚实的数学基础,贝叶斯分类算法的误判率是很低的。贝叶斯方法的特点是结合先验概率和后验概率,即避免了只使用先验概率的主观偏见,也避免了单独使用样本信息的过拟合现象。贝叶斯分类算法在数据集较大的情况下表现出较高的准确率,同时算法本身也比较简单。

朴素贝叶斯算法(Naive Bayesian Algorithm)是应用最为广泛的分类算法之一。

朴素贝叶斯算法是在贝叶斯算法的基础上进行了相应的简化,即假定给定目标值时属性之间相互条件独立。也就是说,没有哪个属性变量对于决策结果来说占有较大的比重,也没有哪个属性变量对于决策结果占有较小的比重。虽然这种简化方式在一定程度上降低了贝叶斯分类算法的分类效果,但是在实际的应用场景中,极大地简化了贝叶斯方法的复杂性。

4.2.2　基本思想

朴素贝叶斯分类(NBC)是以贝叶斯定理为基础并且假设特征条件之间相互独立的方法,先通过已给定的训练集,以特征词之间独立作为前提

假设,学习从输入到输出的联合概率分布,再基于学习到的模型,输入 X 求出使得后验概率最大的输出 Y。设有样本数据集 $D = \{d_1, d_2, \cdots, d_n\}$,对应样本数据的特征属性集为 $X = \{x_1, x_2, \cdots, x_d\}$,分类变量为 $Y = \{y_1, y_2, \cdots, y_n\}$,即 D 可以分为 y_m 类别。其中 $x_1, x_2, \cdots, x_d$ 相互独立且随机,则 Y 的先验概率 $P_{\text{prior}} = P(Y)$,Y 的后验概率 $Y_{\text{post}} = P(Y|X)$,由朴素贝叶斯算法可得,后验概率可以由先验概率 $p_{\text{prior}} = P(Y)$、证据 $P(X)$、类条件概率 $P(X|Y)$ 计算出:

$$P(Y|X) - \frac{P(Y)P(X|Y)}{P(X)}$$

朴素贝叶斯基于各特征之间相互独立,在给定类别为 y 的情况下,上式可以进一步表示为

$$P(X \mid Y = y) = \prod_{i=1}^{d} P(x_i \mid Y = y)$$

由以上两式可以计算出后验概率为

$$P_{\text{post}} = P(Y \mid X) = \frac{P(Y) \prod_{i=1}^{d} P(x_i \mid Y)}{P(X)}$$

由于 $P(X)$ 的大小是固定不变的,因此在比较后验概率时,只比较上式的分子部分即可。因此可以得到一个样本数据属于类别 y_i 的朴素贝叶斯计算:

$$P(y_i \mid x_1, x_2, \cdots, x_d) = \frac{P(y_i) \prod_{j=1}^{d} P(x_j \mid y_i)}{\prod_{j=1}^{d} P(x_j)}$$

4.2.3 算法实践

```
from sklearn.naive_bayes import GaussianNB
import numpy as np
import pandas as pd
from pandas import Series,DataFrame
import matplotlib.pyplot as plt
from sklearn.datasets import load_iris
from matplotlib.colors import ListedColormap
% matplotlib inline
# 导入函数
```

```
muNB = GaussianNB()
#读取数据
iris = load_iris()
#取出数据中的 data
data = iris.data
#取出数据中的 target
target = iris.target
#取 data 中所有行前两列为训练数据
samples = data[:,:2]
#训练数据
muNB.fit(samples,target)
#取出训练数据中第一列中的最大与最小值
xmin,xmax = samples[:,0].min(),samples[:,0].max()
#取出训练数据中第二列中的最大与最小值
ymin,ymax = samples[:,1].min(),samples[:,1].max()
#在最大与最小值的区间分成 300 个数据
x = np.linspace(xmin,xmax,300)
y = np.linspace(ymin,ymax,300)
#然后使这些数据组成一个平面
xx,yy = np.meshgrid(x,y)
#生成 90000 个坐标点
X_test = np.c_[xx.ravel(),yy.ravel()]
#预测训练数据
y_ = muNB.predict(X_test)
#导入三种不同的颜色
colormap = ListedColormap(['#00aaff','#aa00ff','#ffaa00'])
#生成三个不同颜色的模块,第一列为 x 轴坐标,第二列为 y 轴坐标,
预测之后,不同的点分成不同的三类
plt.title("Naive Bayesian algorithm")
plt.scatter(X_test[:,0],X_test[:,1],c = y_)
```

上述代码的执行结果如图 4-2 所示。

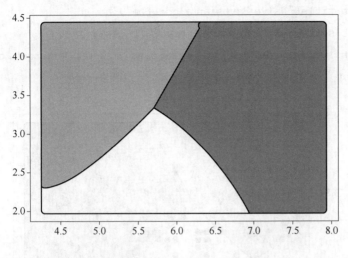

图 4-2　朴素贝叶斯方法区域图

通过设置不同的参数值（如下代码），运行结果如图 4-3 所示。

♯生成训练数据生成的点的分布，c = target 意思是根据 target 的值，生成不同颜色的点

plt.title("Naive Bayesian algorithm")

plt.scatter(samples[:,0], samples[:,1], c = target, cmap = colormap)

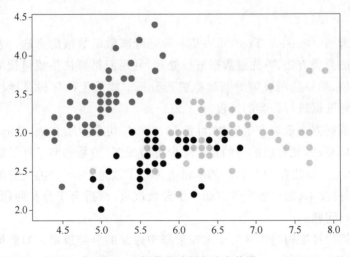

图 4-3　朴素贝叶斯方法点状图

通过如下代码将上述的两个独立结果进行结合，运行结果如图 4-4 所示。

♯一起调用的话使两张图结合起来

```
plt.title("Naive Bayesian algorithm")
plt.scatter(X_test[:,0],X_test[:,1],c = y_)
plt.scatter(samples[:,0],samples[:,1],c = target,cmap = colormap)
```

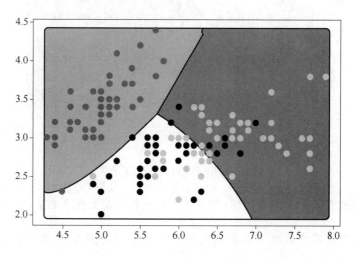

图 4-4　朴素贝叶斯方法组合图

4.3 决　策　树

决策树(Decision Tree)算法是一种逼近离散函数值的方法。它是一种典型的分类方法,首先对数据进行处理,利用归纳算法生成可读的规则和决策树,然后使用决策对新数据进行分析。本质上决策树是通过一系列规则对数据进行分类的过程。

决策树方法最早产生于 20 世纪 60—70 年代末。J. Ross Quinlan 提出了 ID3 算法,此算法的目的在于减少树的深度,但是忽略了叶子数目的研究。C4.5 算法在 ID3 算法的基础上进行了改进,对于预测变量的缺值处理、剪枝技术、派生规则等方面作了较大改进,既适合于分类问题,又适合于回归问题。

决策树算法构造决策树来发现数据中蕴涵的分类规则。如何构造精度高、规模小的决策树是决策树算法的核心内容。决策树构造可以分两步进行。第一步,决策树的生成:由训练样本集生成决策树的过程。一般情况下,训练样本数据集是根据实际需要有历史的、有一定综合程度的、用于数据分析处理的数据集。第二步,决策树的剪枝:决策树的剪枝是对上一阶段生成的决策树进行检验、校正和修改的过程,主要是用新的样本数据集(称为测试数据集)中的数据校验决策树生成过程中产生的初步规则,将那些影响预衡准确性的分枝剪除。

4.3.1 算法概述

决策树是一种基本的分类与回归方法。决策树模型呈树形结构,在分类问题中,表示基于特征对实例进行分类的过程。它可以认为是 if-then 规则的集合,也可以认为是定义在特征空间与类空间上的条件概率分布。

其主要优点是模型具有可读性,分类速度快。学习时,利用训练数据,根据损失函数最小化的原则建立决策树模型。预测时,对新的数据,利用决策树模型进行分类。

决策树学习通常包括 3 个步骤:特征选择、决策树的生成和决策树的修剪。

4.3.2 基本思想

(1) 树以代表训练样本的单个节点开始。

(2) 如果样本都在同一个类,则该节点称为树叶,并用该类标记。

(3) 否则,算法选择最有分类能力的属性作为决策树的当前节点。

(4) 根据当前决策节点属性取值的不同,将训练样本数据集分为若干子集,每个取值形成一个分枝,有几个取值形成几个分枝。针对上一步得到的一个子集,重复进行先前步骤,直到形成每个划分样本上的决策树。一旦一个属性出现在一个节点上,就不必在该节点的任何后代考虑它。

(5) 递归划分步骤仅当下列条件之一成立时停止:

① 给定节点的所有样本属于同一类。

② 没有剩余属性可以用来进一步划分样本。在这种情况下,使用多数表决,将给定的节点转换成树叶,并以样本中元组个数最多的类别作为类别标记,同时也可以存放该节点样本的类别分布。

③ 如果某一分枝没有满足该分支中已有分类的样本,则以样本的多数类创建一个树叶。

4.3.3 构造方法

决策树构造的输入是一组带有类别标记的例子,构造的结果是一棵二叉树或多叉树。二叉树的内部节点(非叶子节点)一般表示为一个逻辑判断,如形式为 a＝aj 的逻辑判断,其中 a 是属性,aj 是该属性的所有取值;树的边是逻辑判断的分支结果。多叉树(ID3)的内部节点是属性,边是该属性的所有取值,有几个属性值就有几条边。树的叶子节点都是类别标记。

数据表示不当、有噪声或者决策树生成时产生重复的子树等原因都会造成产生的决策树过大。因此,简化决策树是一个不可缺少的环节。寻找一棵最优决策树,主要应解决以下 3 个最优化问题:

① 生成最少数目的叶子节点;

② 生成的每个叶子节点的深度最小;

③ 生成的决策树叶子节点最少且每个叶子节点的深度最小。

4.3.4 算法实践

```python
from sklearn.datasets import load_iris
from sklearn import preprocessing
from sklearn.model_selection import train_test_split
from sklearn.tree import DecisionTreeClassifier
from sklearn.tree import export_graphviz
from six import StringIO
import pydotplus
from IPython.display import display,Image
iris = load_iris()
x = iris.data   ♯ 数据特征
y = iris.target♯ 数据特征
x_train,x_test,y_train,y_test = train_test_split(x,y,test_size = 0.2,random_state = 1)
scaler = preprocessing.StandardScaler().fit(x_train)
x1_train = scaler.transform(x_train)
x1_test = scaler.transform(x_test)
clf = DecisionTreeClassifier(criterion ='entropy')
clf.fit(x_train,y_train)
y_pre = clf.predict(x1_test)
print(clf.score(x1_test,y_test))
import os
os.environ["PATH"] + = os.pathsep + 'C:\Program Files (x86)\Graphviz2.38\bin'
```

```
dot_data = StringIO()
export_graphviz(clf,out_file = dot_data,
                feature_names = iris.feature_names,
                class_names = iris.target_names,
                filled = True,rounded = True,
                special_characters = True)
graph = pydotplus.graph_from_dot_data(dot_data.getvalue())
graph.write_png('iris.png')
display(Image(graph.create_png()))
```

代码运行结果如图 4-5 所示。

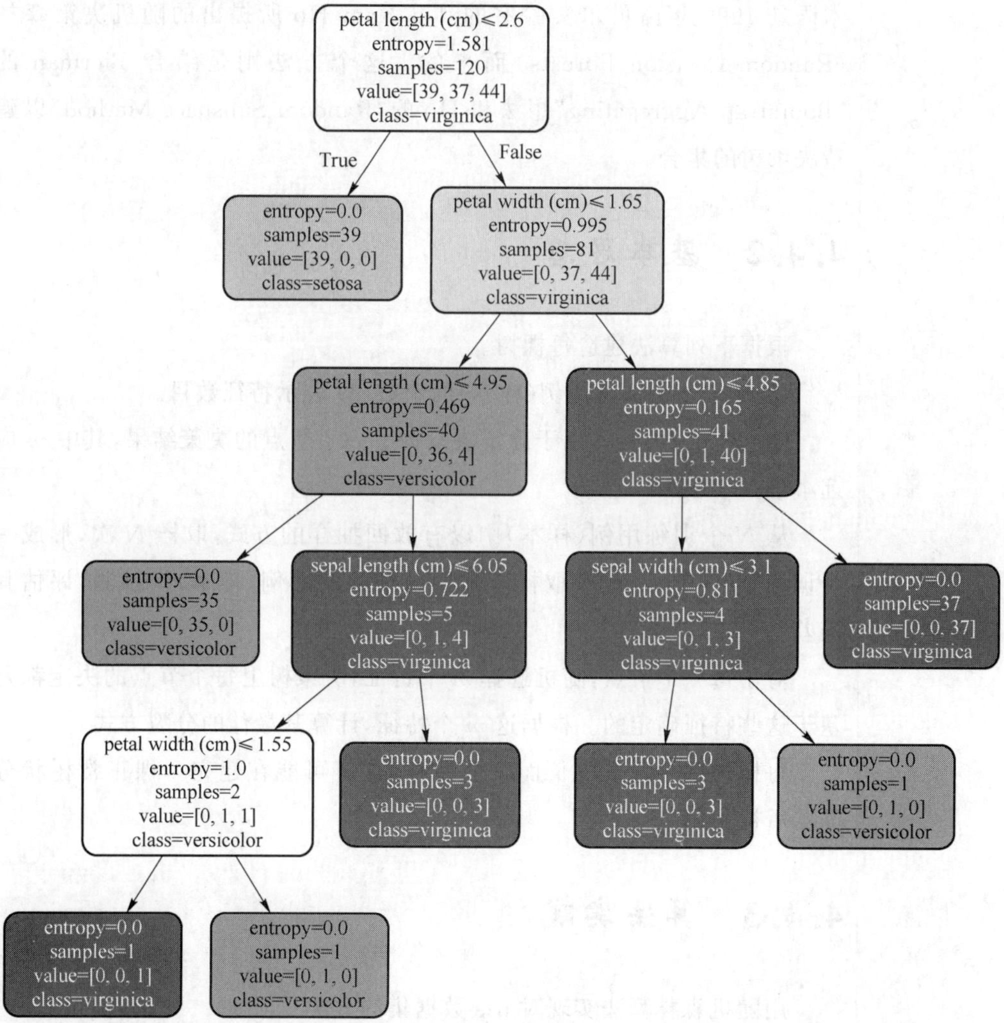

图 4-5　决策树

4.4 随机森林

4.4.1 算法概述

在机器学习中,随机森林是一个包含多个决策树的分类器,并且其输出的类别是由个别树输出的类别众数而定的。Leo Bierman 和 Adele Cutler 发展出随机森林的算法。而"Random Forests"是他们的商标。这个术语是 1995 年由贝尔实验室的 Tin Kam Ho 所提出的随机决策森林(Random Decision Forests)而来的。这个方法则是结合 Bierman 的"Bootstrap Aggregating"想法和 Ho 的"Random Subspace Method"以建造决策树的集合。

4.4.2 基本思想

根据下列算法建造每棵树。

用 N 来表示训练用例(样本)的个数,M 表示特征数目。

输入特征数目 m,用于确定决策树上一个节点的决策结果,其中 m 应远小于 M。

从 N 个训练用例(样本)中以有放回抽样的方式,取样 N 次,形成一个训练集(即 Bootstrap 取样),并用未抽到的用例(样本)作预测,评估其误差。

对于每一个节点,随机选择 m 个特征,决策树上每个节点的决定都是基于这些特征确定的。根据这 m 个特征,计算其最佳的分裂方式。

每棵树都会完整成长而不会剪枝,这有可能在建完一棵正常树状分类器后被采用。

4.4.3 算法实践

用随机森林算法实现对 iris 数据集的分类。

随机森林主要应用于回归和分类两种场景,侧重于分类。随机森林是指利用多棵树对样本数据进行训练、分类并预测的一种方法。它在对数据进行分类的同时,还可以给出各个变量的重要性评分,评估各个变量在分类中所起的作用。

随机森林的构建:首先利用 Bootstrap 方法有放回地从原始训练集中随机抽取 n 个样本,并构建 n 个决策树;然后假设在训练样本数据中有 m 个特征,那么每次分裂时选择最好的特征进行分裂,每棵树都一直这样分裂下去,直到该节点的所有训练样例都属于同一类;接着让每棵决策树在不做任何修剪的前提下最大限度地生长;最后将生成的多棵分类树组成随机森林,用随机森林分类器对新的数据进行分类与回归。

对于分类问题,按多棵树分类器投票决定最终分类结果;对于回归问题,则由多棵树预测值的均值决定最终预测结果。

```python
import numpy as np
import matplotlib.pyplot as plt
from matplotlib.colors import ListedColormap
from sklearn.ensemble import RandomForestClassifier
from sklearn.ensemble import ExtraTreesClassifier
from sklearn.datasets import load_iris
RF = RandomForestClassifier(n_estimators = 100, n_jobs = 4,
oob_score = True)
iris = load_iris()
x = iris.data[:, :2]
y = iris.target
RF.fit(x, y)
h = .02
cmap_light = ListedColormap(['#FFAAAA', '#AAFFAA', '#AAAAFF'])
cmap_bold = ListedColormap(['#FF0000', '#00FF00', '#0000FF'])
for weight in ['uniform', 'distance']:
    x_min, x_max = x[:, 0].min() - 1, x[:, 0].max() + 1
    y_min, y_max = x[:, 1].min() - 1, x[:, 1].max() + 1
    xx, yy = np.meshgrid(
        np.arange(x_min, x_max, h),
        np.arange(y_min, y_max, h)
    )
    z = RF.predict(np.c_[xx.ravel(), yy.ravel()])
    z = z.reshape(xx.shape)
```

```
    plt.figure()
    plt.pcolormesh(xx, yy, z, cmap = cmap_light)
    plt.scatter(x[:, 0], x[:, 1], c = y, cmap = cmap_bold,
edgecolors ='k', s = 20)
    plt.xlim(xx.min(), xx.max())
  plt.title('RandomForestClassifier')
  plt.show()
```

代码运行结果如图 4-6 所示。

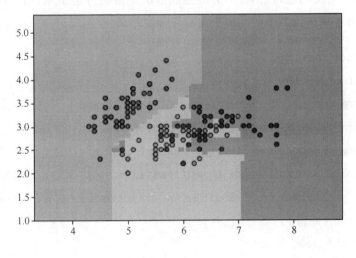

图 4-6   随机森林结果

最后,执行下列语句,还可以看到该方法的分类准确率达到了 92.67%。

```
print('RandomForestClassifier:', RF.score(x, y))
RandomForestClassifier: 0.9266666666666666
```

4.5   K 均值聚类算法

K 均值聚类算法(K-means Clustering Algorithm)是一种迭代求解的聚类分析算法。

4.5.1 算法概述

先随机选取 K 个对象作为初始的聚类中心。然后计算每个对象与各个种子聚类中心之间的距离,把每个对象分配给距离它最近的聚类中心。聚类中心以及分配给它们的对象就代表一个聚类。一旦全部对象都被分配了,每个聚类的聚类中心会根据聚类中现有的对象被重新计算。这个过程将不断重复直到满足某个终止条件。终止条件可以是以下任何一个:

(1) 没有(或最小数目)对象被重新分配给不同的聚类;

(2) 没有(或最小数目)聚类中心再发生变化;

(3) 误差平方和局部最小。

4.5.2 算法实践

```
import pandas as pd
import numpy as np
import matplotlib.pyplot as plt
from sklearn.datasets import load_iris # 导入数据集 iris
% matplotlib inline
iris = load_iris() # 载入数据集
print(iris.data)    # 打印输出显示
data = iris.data
df = pd.DataFrame(data)
df.to_csv("data.csv", sep = ',', header = False, index = False)
names = ['sepal-length', 'sepal-width', 'petal-length', 'petal-width', 'class']
dataset = pd.read_csv('data.csv', names = names)
pos = pd.DataFrame(dataset)
L1 = pos['sepal-length'].values
L2 = pos['sepal-width'].values
plt.scatter(L1, L2, c = predicted, marker = 's', s = 100, cmap = plt.cm.Paired)
plt.title("KMeans")
```

```
plt.show()
```

代码运行结果如图 4-7 所示。

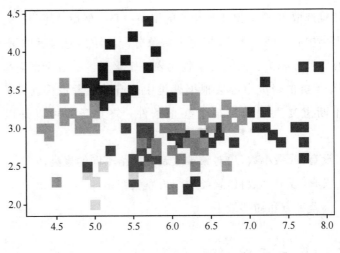

图 4-7 K 均值聚类结果

4.6 本 章 小 结

本章通过使用 iris 数据集,实例性地介绍了机器学习领域中几种常用的分类和聚类方法(KNN 算法、朴素贝叶斯、决策树、随机森林和 K 均值聚类算法)。

习   题

1. 什么是机器学习方法?
2. 请解释决策树实例图节点框中的各数值含义。
3. 请尝试回答 KNN 实例中最终确定的 K 值。

第 5 章

回归

在机器学习领域,回归是一种监督学习模型,用于估计一个预测值(又称为因变量、响应变量)和一个或多个特征(又称为自变量)之间的关系。最常见的回归方法有线性回归和 Logistic 回归等,本章主要介绍线性回归和 Logistic 回归的基本原理和应用。

5.1 一元线性回归

如果特征和预测值之间存在线性关系,利用观测到的特征数据和预测值建立它们之间的线性模型的过程就是线性回归。如果特征只有一个,那么就叫作一元线性回归,又叫作简单线性回归。虽然现实中一元线性回归几乎没有什么可用性,但理解该模型有助于理解更复杂的模型。

5.1.1 线性关系

现实中,物质的体积和质量、父子的身高、房子的房间数和价格、披萨的直径和价格等之间都在一定程度上存在线性关系。当获取到一组(特征,预测值)数据时,可以通过可视化来直观地确定它们之间是否存在线性关系。

下面以美国波士顿房价数据集中房屋的房间数和价格之间的关系为例进行说明。美国波士顿房价的数据集是 sklearn 包内置的数据集,位于 datasets 子模块下;其中包含一共 506 套房屋的数据,每个房屋有 13 个特征值,其中第 5 个特征是平均房间数,表 5-1 是 20 座房子的平均房间数和对应的价格。

表 5-1 20 座房子的平均房间数和价格

序号	房间数	价格/千美元	序号	房间数	价格/千美元
1	6.575	24	11	6.377	15
2	6.421	21.6	12	6.009	18.9
3	7.185	34.7	13	5.889	21.7
4	6.998	33.4	14	5.949	20.4
5	7.147	36.2	15	6.096	18.2
6	6.43	28.7	16	5.834	19.9
7	6.012	22.9	17	5.935	23.1
8	6.172	27.1	18	5.99	17.5
9	5.631	16.5	19	5.456	20.2
10	6.004	18.9	20	5.727	18.2

利用如下代码绘制出平均房间数和房价的散点图,如图 5-1 所示。

```
#code-5-1.py
#Visualize the linear relation between the number of room and
the cost of the house.
from sklearn.datasets import load_boston #导入波士顿房价数据集
import matplotlib.pyplot as plt
dataset = load_boston()
x_data = dataset.data #导入所有特征变量
y_data = dataset.target #导入目标值(房价)
name_data = dataset.feature_names #导入特征名
plt.subplot(1,1, 1)
#绘制房间数和房价的散点图
plt.scatter(x_data[:,5],y_data,s = 20) #第 5 个特征为房间数
plt.title(name_data[5])
plt.show()
```

从图 5-1 可以看出,房间数和房价之间存在一种近似线性的关系,这种线性关系可以用直线表示,例如图中的直线。

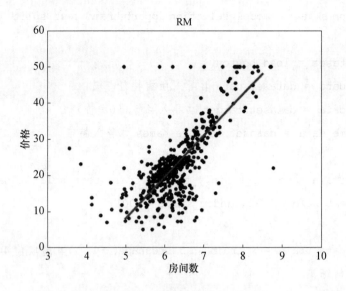

图 5-1　房间数和房屋价格的散点图

5.1.2　一元线性回归

一元线性回归的模型表示为如下线性关系：

$$y = ax + b \qquad (5-1)$$

其中，y 是预测值，x 是特征的观测值，a 是系数，b 是截距，经常也叫作偏置。

对于每一个观测对象，称之为样本，所有样本构成样本集。一元线性回归就是在样本集的观测值 (x, y) 的基础上，确定参数 a 和 b，从而得到形如 $y = ax + b$ 的线性模型的过程。

包括线性回归在内的机器学习都包含训练（或学习）和预测两个过程。sklearn 提供 LinearRegression 类实现线性回归，该类的 fit()方法用于学习模型，predict()函数利用学习到的模型来预测一个自变量对应的因变量值。通常，模型的训练与测试使用不同的数据集，分别叫作训练集和测试集。下述代码即实现线性回归的过程，执行结果如图 5-2 所示。

```
#code-5-2.py
#Simple Linear Regression
from sklearn.datasets import load_boston
from sklearn.linear_model import LinearRegression
import matplotlib.pyplot as plt
```

```
from sklearn. model_selection import train_test_split

dataset = load_boston()
x_data = dataset.data ♯导入所有特征变量
y_data = dataset.target ♯导入目标值(房价)
name_data = dataset.feature_names ♯导入特征

x_train,x_test,y_train,y_test = train_test_split(x_data, y_
data,test_size = 0.25,random_state = 1001)

x_data_train = x_train[:, 5]. reshape( - 1, 1)♯选取前400个样
本作为训练集
y_data_train = y_train. reshape( - 1, 1)
x_data_test = x_test[:, 5]. reshape( - 1, 1)♯选取剩余的样本作
为训练集
y_data_test = y_test. reshape( - 1, 1)

simple_model = LinearRegression() ♯创建线性回归估计器实例
simple_model.fit(x_data_train,y_data_train)♯用训练数据拟合
模型
y_data_test_p = simple_model.predict(x_data_test)♯用训练的
模型对测试集进行预测

plt. subplot(1, 1, 1)
plt. scatter(x_data_test,y_data_test,s = 20, color = "r")
plt. scatter(x_data_test,y_data_test_p,s = 20, color = "b")
plt. xlabel('Room Number')
plt. ylabel('Price')
plt. title(name_data[5])
plt. show()
```

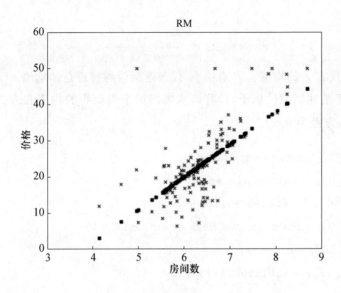

图 5-2　一元线性回归执行结果

可以输出模型的回归系数 coef_和截距 intercept_,分别为 9.02 和－34.20。

In [2]: simple_model.coef_
Out[2]: array([[9.01867888]])
In [3]: simple_model.intercept_
Out[3]: array([-34.20143988])

从图 5-2 的结果中可以看出,对于测试集预测的效果并不好,这主要是因为房屋价格受多个因素影响造成的,将在后续内容进一步说明。

训练的目的是使得模型能更好地拟合数据,为了判断模型拟合数据的水平,需要为模型定义代价函数(或损失函数);代价函数的值越小,模型拟合效果越好。对于一元线性回归问题,用样本的观测值和模型对应的预测值的误差的平方和,即残差平方和作为代价函数

$$\text{Cost}_{\text{res}} = \sum_{i=1}^{n} (y_i - f(x_i))^2 \tag{5-2}$$

其中,y_i 是观测值,$f(x_i) = ax_i + b$ 是预测值。代价函数取最小值,意味着总的误差最小,因此一元线性回归的训练过程就是选取参数 a 和 b 使得代价函数取最小值的过程。

首先,介绍两个统计学的概念:方差和协方差,这两个统计量可以根据观测值直接计算得到。

方差用来衡量一组值的偏离程度,定义为

$$\text{var}(x) = \frac{\sum\limits_{i=1}^{n}(x_i - \overline{x})^2}{n-1} \tag{5-3}$$

其中,$\overline{x}$ 代表 x 的均值。方差越小,代表这组值越接近总体均值。

基于前述回归的例子,计算训练集房屋平均面积的均值和方差,均值为 6.26,方差为 0.49。

```
In [7]: import numpy as np
In [8]: x_data_train.mean()
Out[8]: 6.262448548812665
In [9]: var = np.var(x_data_train, ddof = 1)
In [10]: var
Out[10]: 0.4901256977425975
```

协方差用来衡量两个变量如何一起变化,定义为

$$\text{cov}(x,y) = \frac{\sum\limits_{i=1}^{n}(x_i - \overline{x})(y_i - \overline{y})}{n-1} \tag{5-4}$$

如果协方差为正,x 和 y 一起增加;如果为负,则一个增加而另一个减少;如果为 0,则相互独立。

同样,可以计算训练集中房屋价格和平均面积的协方差。计算得到的是协方差矩阵,非对角元素的值即为二者协方差,即 4.42。

```
In [11]: y_data_train.mean()
Out[11]: 22.277572559366757
In [12]: cov = np.cov(x_data_train.flatten(),
                      y_data_train.flatten())
In [13]: cov
Out[13]:
array([[ 0.4901257 ,  4.42028628],
       [ 4.42028628, 81.58894012]])
```

接下来推导回归系数和截距的计算。

由式(5-1)和式(5-2)得

$$\begin{aligned}
\text{Cost}_{\text{res}} &= \sum_{i=1}^{n}(y_i - f(x_i))^2 \\
&= \sum_{i=1}^{n}(y_i - (ax_i + b))^2
\end{aligned}$$

代价函数Cost_{res}是关于 a 和 b 的函数，所以其极小值点满足

$$\begin{cases} \dfrac{\partial\,\text{Cost}_{\text{res}}}{\partial a} = -2\sum_{i=1}^{n}(y_i - ax_i - b)x_i = 0 \\ \dfrac{\partial\,\text{Cost}_{\text{res}}}{\partial b} = -2\sum_{i=1}^{n}(y_i - ax_i - b) = 0 \end{cases} \tag{5-5}$$

解方程组，并根据均值和方差的性质，有

$$\begin{cases} a = \dfrac{\sum_{i=1}^{n} x_i y_i - n\,\overline{xy}}{\sum_{i=1}^{n} x_i^2 - n\,\overline{x}^2} = \dfrac{\text{cov}(x,y)}{\text{var}(x)} \\ b = \overline{y} - a\overline{x} \end{cases} \tag{5-6}$$

In [5]: a = cov/var

In [6]: b = y_data_train.mean()
        - a * x_data_train.mean()

In [7]: a

Out[7]: 9.018678876153766

In [8]: b

Out[8]: -34.20143988080983

这样，通过已知样本的(x,y)数据，就可以求出模型的参数 a 和 b，这种方法叫作最小二乘法。

一元线性回归模型的预测能力可以用决定系数来度量。决定系数又叫作 R^2，用来衡量数据和回归模型的贴近程度，定义为

$$R^2 = 1 - \frac{\sum_{i=1}^{n}(y_i - f(x_i))^2}{\sum_{i=1}^{n}(y_i - \overline{y})^2} \tag{5-7}$$

R^2 是 0 到 1 之间的正数。R^2 越接近 1，说明模型拟合得越好；R^2 越接近 0，则说明拟合得越差。

sklearn 包 LinearRegression 类的 score() 方法即返回的是 R^2 的值。例如接前述的代码示例：

```
r_squared = simple_model.score(x_data_test, y_data_test)
print('R2 = %s' % r_squared )
```

执行结果如下，R^2 为 0.466，模型的表现一般。

```
r_squared
Out[2]: 0.46561991850703266
```

5.2　多元线性回归

一元线性回归的缺点是明显的，现实世界中很少有问题是由单个因素决定的，例如前述的房屋价格除了受平均房间数的影响外，还受其他因素的影响，因此仅利用平均房间数建立的模型性能较差。多元线性回归建立的模型还是线性模型，但同时考虑多个影响因素，即多个特征，因此多元线性回归模型可以表示为如下线性关系：

$$y = a_1 x_1 + a_2 x_2 + \cdots + a_n x_n + b \qquad (5\text{-}8)$$

其中，y 是预测值，x_i 是第 i 个特征的观测值，a_i 是对应的系数，b 是截距。对于 m 个观测样本，有

$$\begin{cases} y_1 = a_1 x_{11} + a_2 x_{12} + \cdots + a_n x_{1n} + b \\ y_2 = a_1 x_{21} + a_2 x_{22} + \cdots + a_n x_{2n} + b \\ \qquad \cdots\cdots \\ y_m = a_1 x_{m1} + a_2 x_{m2} + \cdots + a_n x_{mn} + b \end{cases} \qquad (5\text{-}9)$$

该式也可以表示为

$$Y = XA \qquad (5\text{-}10)$$

Y 是一个由训练样本因变量组成的列向量，X 是训练样本特征组成的 $m \times (n+1)$ 矩阵，m 是训练样本的数量，n 是特征数量，A 是模型参数组成的列向量，即

$$Y = \begin{pmatrix} y_1 \\ y_2 \\ \vdots \\ y_m \end{pmatrix}$$

$$X = \begin{pmatrix} 1 & x_{11} & \cdots & x_{1n} \\ 1 & x_{21} & \cdots & x_{2n} \\ \vdots & \vdots & & \vdots \\ 1 & x_{m1} & \cdots & x_{2mn} \end{pmatrix}$$

$$A = \begin{pmatrix} a \\ b_1 \\ \vdots \\ b_n \end{pmatrix}$$

和一元线性回归类似,可以使用最小二乘法估计参数 A,根据线性代数的知识,有

$$A = (X^T X)^{-1} X^T Y \tag{5-11}$$

使得代价函数取极小,其中 T 代表转置。

还是以波士顿房价预测为例,我们引入更多特征,进行多元线性回归分析。

```
#code-5-4.py
#Multiple Linear Regression (MLR)
from sklearn.datasets import load_boston
from sklearn.linear_model import LinearRegression
import matplotlib.pyplot as plt
from sklearn.model_selection import train_test_split
#数据准备
dataset = load_boston()
x_data = dataset.data #导入所有特征变量
y_data = dataset.target #导入目标值(房价)
name_data = dataset.feature_names #导入特征
#随机选取训练集和测试集
x_train,x_test,y_train,y_test = train_test_split(x_data, y_data,test_size = 0.25,random_state = 1001)


mlr_model = LinearRegression() #创建线性回归估计器实例
mlr_model.fit(x_data_train,y_data_train) #用训练数据拟合模型
y_data_test_p = mlr.predict(x_data_test) #用训练的模型对测试集进行预测

r_squared = mlr.score(x_data_test, y_data_test)
print('R2 = %s' % r_squared)
```

运行该程序,得到 R^2 约为 0.678,比单一因素的预测有很大的改进。

```
In ［22］: r_squared
Out［22］: 0.6783942923302055
```

5.3 梯度下降法

5.3.1 梯度下降法的原理

在 5.2 节,使用 $\boldsymbol{A}=(\boldsymbol{X}^{\mathrm{T}}\boldsymbol{X})^{-1}\boldsymbol{X}^{\mathrm{T}}\boldsymbol{Y}$ 解出代价函数极小化的参数值,其中 $\boldsymbol{X}$ 是每个训练样本的特征矩阵,$\boldsymbol{X}^{\mathrm{T}}\boldsymbol{X}$ 是一个 $(n+1)\times(n+1)$ 的矩阵,n 是特征数。当特征数很大时,对 $\boldsymbol{X}^{\mathrm{T}}\boldsymbol{X}$ 求逆的计算复杂度太大,导致学习效率很低,难以适应较大规模的回归问题。而且,当 $\boldsymbol{X}^{\mathrm{T}}\boldsymbol{X}$ 的行列式为 0 时,无法对其求逆。本节介绍一种新的模型参数估计方法,即梯度下降法。

如果将关于模型参数的代价函数对应的几何曲面比作一个地形,那么寻找模型代价函数极小值的过程可以类比为一位登山者从山上某处出发找寻到山谷最低处的路径过程。登山者的位置由模型的参数确定,山谷最低处对应于代价函数最小值处,位置对应的参数值即为模型参数的解。图 5-3 所示是只有一个参数 θ 的模型的梯度下降过程。

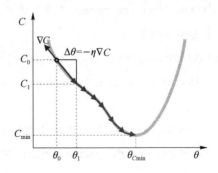

图 5-3　梯度下降法示意图

假定登山者初始位置在 θ_0 处,此时的代价函数值为 C_0。登山者每次总是朝着下山的方向,也就是沿着梯度相反的方向前进,直至到达 $\theta_{C_{\min}}$ 点,θ 按照式(5-12)的递推关系更新:

$$\theta(t+1)=\theta(t)-\eta\,\nabla C(t) \tag{5-12}$$

其中，$\theta(t)$ 是指 θ 在 t 次训练的值；$\nabla C(t)$ 是 C 在 $\theta(t)$ 处的梯度；η 是学习率，是一个超参数，需要预先设置。

更新位置后，代价函数的变化为

$$\Delta C(t+1) = -\eta \nabla C(t) \nabla C(t) \tag{5-13}$$

显然当 $\theta(t) \neq \theta_{C_{\min}}$ 时，$\Delta C(t+1) < 0$，代价函数值总是在减小，直至 $\theta(t) = \theta_{C_{\min}}$ 时，因为 $\nabla C(\theta_{C_{\min}}) = 0$，所以 $\Delta C(t+1) = 0$，代价函数值达到最小，不再变化。

当参数多于一个时，情形类似。假定 θ_1 和 θ_2 是模型的待解参数，代价函数的梯度为

$$\nabla C = \left(\frac{\partial C}{\partial \theta_1}, \frac{\partial C}{\partial \theta_2} \right)^{\mathrm{T}} \tag{5-14}$$

是对每个参数偏导数的合成向量，其中 T 代表转置。因此下降方向也是每个参数下降向量的合成，递推的更新关系为

$$\begin{cases} \theta_1(t+1) = \theta_1(t) - \eta \dfrac{\partial C}{\partial \theta_1} \bigg|_{\theta_1(t)} \\[2mm] \theta_2(t+1) = \theta_2(t) - \eta \dfrac{\partial C}{\partial \theta_2} \bigg|_{\theta_2(t)} \end{cases} \tag{5-15}$$

梯度下降法应用非常广泛，但有几个方面的问题在使用时必须注意。

(1) 梯度下降容易陷入局部极小值。当代价函数有多个极小值或者存在拐点时，容易将其误认为最小值。为了解决这个问题，实践中一般在参数更新公式中加一个小的冲量项 m，使得更新跨过局部极小或者拐点，更新公式变为

$$\theta(t+1) = \theta(t) - \eta \nabla C(t) + m \tag{5-16}$$

(2) 学习率 η 的选择问题。学习率是一个超参数，需要事先设定。学习率如果设置过小，则模型收敛太慢，影响训练效率；如果设置过大，则可能使搜索路径在最小值两侧来回摆动，甚至远离极值点。由于机器学习对象的复杂性，目前 η 的选择主要凭经验，此外也有一些动态的学习率选择算法可以使用。

(3) 每次训练迭代中用来更新模型参数的训练实例的数量。目前有三种主要的策略，即批量梯度下降法、随机梯度下降法和小批量随机梯度下降法。批量梯度下降法在每次迭代中使用全部训练实例更新参数，需要的存储空间大，计算量也大，训练效率低。随机梯度下降法每次随机地选择一个实例进行训练并更新参数。小批量随机梯度下降法每次随机选择一组实例进行训练。当样本量很大时，后两者的效率更高。小批量随机梯度下降法和随机梯度下降法属于随机算法，每次运行可能产生不同

的参数估计,但它们的预估通常足够接近理论值。

5.3.2 基于梯度下降法的多元线性回归

sklearn 提供了随机梯度下降法,其 SGDRegressor 类就是基于随机梯度下降的多元线性回归方法的一个实现,它可以处理包含上千个特征的回归问题。以下就利用随机梯度下降法来预测房屋价格,数据集继续采用 Boston 数据集,选择所有 13 个特征作为自变量。

```
#code-5-5.py
#SGD Multiple Linear Regression
from sklearn.datasets import load_boston
from sklearn.preprocessing import StandardScaler
from sklearn.linear_model import SGDRegressor
from sklearn.model_selection import train_test_split

dataset = load_boston()
x_data = dataset.data #导入所有特征变量
y_data = dataset.target #导入目标值(房价)
x_train,x_test,y_train,y_test = train_test_split(x_data, y_data,test_size = 0.25,random_state = 1001)

#对特征和目标值标准化
sc_X = StandardScaler()
sc_y = StandardScaler()
x_train = sc_X.fit_transform(x_train)
x_test = sc_X.transform(x_test)
y_train = sc_y.fit_transform(y_train.reshape(-1, 1))
y_test = sc_y.transform(y_test.reshape(-1, 1))

#创建回归估计器实例,并选择残差平方和作为代价函数
sgd_model = SGDRegressor(loss = 'squared_loss')
sgd_model.fit(x_train,y_train) #用训练数据拟合模型
y_test_p = sgd_model.predict(x_test) #用训练的模型对测试集
进行预测
```

```
r_squared = sgd_model.score(x_test, y_test)
print('R2 = %s' % r_squared )
```

执行结果显示 R^2 约为 0.668,和基于最小二乘法的多元线性回归接近。

```
In[66]: r_squared
Out[66]: 0.6680165787304115
```

输出 13 个特征的回归系数和截距如下:

```
In[67]: sgd_model.coef_
Out[67]:
array([-0.08132605, 0.06718122, -0.06206695, 0.12107054,
-0.07521046,0.35398925, -0.04344038, -0.24250628, 0.07094298,
-0.06634921, -0.20488844, 0.0827513 , -0.33182512])
```

```
In[68]: sgd_model.intercept_
Out[68]: array([0.00160573])
```

5.4 Logistic 回归

线性回归用于处理自变量、因变量连续的线性问题取得了很好的效果,但是有些问题因变量是离散的,比如好与坏、男与女、是否为垃圾短信、是否为潜在用户等,输出仅有两个值,可以设置为 0 和 1。这时,问题变为一种二元分类问题,可以用 Logistic 回归来解决此类问题。

5.4.1 Logistic 回归模型

Logistic 回归模型是一种广义线性回归模型。对于线性模型
$$z = w^{\mathrm{T}} x + b \tag{5-17}$$
其中,z 是预测值向量,x 是特征向量,w 是对应的系数矩阵,T 代表转置,b

是截距向量。如果存在一个非线性的单调可微函数 f，使得

$$f(z) = w^{\mathrm{T}}x + b \qquad (5\text{-}18)$$

或者

$$\hat{y} = f^{-1}(w^{\mathrm{T}}x + b) \qquad (5\text{-}19)$$

将输出标记的 $f^{-1}(w^{\mathrm{T}}x + b)$ 作为线性模型的逼近目标，就得到关于 f^{-1} 函数的线性回归模型，f 称为联系函数。它反映了示例对应的输出标记是在关于 f 的新尺度上的变化，形式上仍然是线性回归，但实质上已是在求取输入空间到输出空间的非线性函数映射，这就是广义线性回归模型。为了更具一般性，我们使用了与线性模型部分形式上稍有不同的线性关系公式，但实质是一致的。

如果选择 sigmoid 函数

$$f(z) = \frac{1}{1 + \mathrm{e}^{-z}} \qquad (5\text{-}20)$$

作为联系函数，就得到 Logistic 回归模型

$$\hat{y} = f(x) = \frac{1}{1 + \mathrm{e}^{-(w^{\mathrm{T}}x + b)}} \qquad (5\text{-}21)$$

或者

$$\ln \frac{\hat{y}}{1 - \hat{y}} = w^{\mathrm{T}}x + b \qquad (5\text{-}22)$$

sigmoid 函数图形如图 5-4 所示，值域为 $(0, 1)$，因此它将一个线性关系的输出映射到 $(0, 1)$ 区间的某个值。

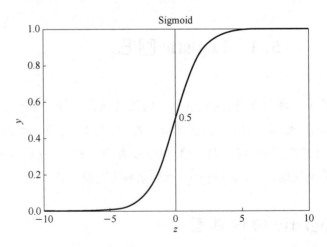

图 5-4　sigmoid 函数

对于二分类问题，如果将 sigmoid 函数的值 $\hat{y}$ 理解为二分类问题中随机事件 $y = 1$ 发生的后验概率 $P(y = 1|x)$，则 $1 - \hat{y}$ 即为 $P(y = 0|x)$，是

$y=0$ 发生的后验概率。式(5-22)可以表示为

$$\ln \frac{P(y=1 \mid x)}{P(y=0 \mid x)} = \boldsymbol{w}^{\mathrm{T}} \boldsymbol{x} + b \qquad (5\text{-}23)$$

这样,逻辑回归模型其实就是对一个样本 y 取值为 1 或者 0 的概率进行测算,然后根据测算的概率预测它的最终取值应该是 0 还是 1。

本质上,Logistic 模型是一种概率模型,因此其代价函数的定义可以采用最大似然估计,即找到一组参数,使得在这组参数下数据的似然度(概率)最大。对于训练集 $\{(x_1, y_1), (x_2, y_2), \cdots, (x_n, y_n)\}$,设

$$P(y=1 \mid x) = \hat{y}(x), P(y=0 \mid x) = 1 - \hat{y}(x) \qquad (5\text{-}24)$$

则似然函数为

$$L(w, b) = \prod_{i=1}^{n} \left[\hat{y}(x_i) \right]^{y_i} \left[1 - \hat{y}(x_i) \right]^{1-y_i} \qquad (5\text{-}25)$$

对数似然函数为

$$l(w, b) = \log(L(w, b)) = \sum_{i=1}^{N} \left[y_i \log \hat{y}(x_i) + (1 - y_i) \log(1 - \hat{y}(x_i)) \right]$$

$$(5\text{-}26)$$

对 $l(w, b)$ 求极大值,得到参数 w、b 的估计值,参数估计可以采用梯度下降法。

5.4.2 Logistic 回归应用

sklearn 包的 LogisticRegression 类实现了 Logistic 回归,接下来介绍利用该类实现二分类的例子。例子采用内置的 cancer 数据集,其中包含了威斯康星州记录的 569 个病人的乳腺癌恶性/良性(1/0)类别型数据(训练目标),以及与之对应的 30 个维度的生理指标数据。代码实现如下。

```
#code-5-6.py
#Logistic Regression
from sklearn.datasets import load_breast_cancer
from sklearn.model_selection import train_test_split
from sklearn.linear_model import LogisticRegression
from sklearn.metrics import classification_report
from sklearn.metrics import accuracy_score, confusion_matrix
#数据加载和分割
cancer = load_breast_cancer()
```

```
X = cancer.data
y = cancer.target
X_train,X_test,Y_train,Y_test = train_test_split(X, y, test_
size = .25, random_state = 0)
#逻辑回归模型定义
logisticRegr = LogisticRegression()
#模型训练
logisticRegr.fit(X_train, Y_train)
#模型预测
predictions = logisticRegr.predict(X_test)
#计算精度
score = logisticRegr.score(X_test, Y_test)
#结果输出
print 'Accuracy：',score
print(classification_report(Y_test, predictions))
```

可以输出所有 30 个特征名称（feature_names）、标签名称（target_names）、各特征对应的回归系数（coef_）、截距（intercept_）。

```
In [110]: cancer.feature_names
Out[110]:
array(['mean radius', 'mean texture', 'mean perimeter', 'mean
area',
        'mean smoothness', 'mean compactness', 'mean concavity',
        'mean concave points', 'mean symmetry', 'mean fractal
dimension',
        'radius error', 'texture error', 'perimeter error', 'area
error',
        'smoothness error', 'compactness error', 'concavity error',
        'concave points error', 'symmetry error',
        'fractal dimension error', 'worst radius', 'worst texture',
        'worst perimeter', 'worst area', 'worst smoothness',
        'worst compactness', 'worst concavity', 'worst concave
points',
        'worst symmetry', 'worst fractal dimension'], dtype = '|S23')
```

```
In [111]: cancer.target_names
Out[111]: array(['malignant', 'benign'], dtype='|S9')
In [112]: logisticRegr.coef_
Out[112]:
array([[ 1.72213171, 0.0898111 , 0.10599628, -0.00713494,
        -0.12840853, -0.33349364, -0.49935471, -0.26507805,
        -0.26760577, -0.0214945, 0.03647234, 0.98652502,
         0.11708913, -0.10871689, -0.00796626, 0.01056343,
        -0.02918441, -0.0281825 , -0.03431316, 0.00856824,
         1.35830454, -0.28904111, -0.24983477, -0.02012383,
        -0.21696361, -1.02744952, -1.44793815, -0.5337728,
        -0.64855696, -0.10913249]])
In [113]: logisticRegr.intercept_
Out[113]: array([0.35462884])
```

和线性回归不同，分类的精度评价要复杂一些。简单地，可以用准确率描述分类器预测正确的比例，此处为 0.96。

```
Accuracy:   0.958041958041958
```

此外，分类问题还关心把阴性错分为阳性、把阳性错分为阴性的情形，这可以用混淆矩阵表示。

```
In [114]: from sklearn.metrics import confusion_matrix
In [115]: print(confusion_matrix(Y_test, predictions))
[[52  1]
 [ 5 85]]
In [116]: import matplotlib.pyplot as plt
     ...: plt.matshow(confusion_matrix(Y_test, predictions))
     ...: plt.title('confusion matrix')
     ...: plt.colorbar()
     ...: plt.xlabel('True label')
     ...: plt.ylabel('Predocted label')
     ...: plt.show()
     ...:
```

上述代码的执行结果如图 5-5 所示。

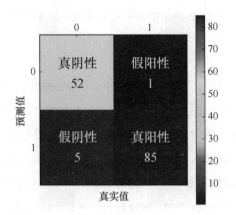

图 5-5　混淆矩阵

混淆矩阵是监督学习中的一种可视化工具，主要用于比较分类结果和实例的真实信息。每一个实例可以划分为下列四种类型之一。

（1）真阳性（TP）：被模型预测为阳性的正样本；

（2）假阳性（FP）：被模型预测为阳性的负样本；

（3）假阴性（FN）：被模型预测为阴性的正样本；

（4）真阴性（TN）：被模型预测为阴性的负样本。

为了更精细地描述模型的性能，还定义了准确率、精准率、召回率和F1 值来评价模型的性能。

（1）准确率（Accuracy）代表了分类器对整个样本的判定能力，即将正的判定为正，负的判定为负，定义为 $A = (TP+TN)/(TP+FN+FP+TN)$。

（2）精准率（Precision）代表对阳性的判定能力，定义为 $P = TP/(TP+FP)$。

（3）召回率（Recall）定义为 $R = TP/(TP+FN)$，即真正率。

（4）F1 值（F1-score）是查准率和查全率的调和平均值，更接近于 P、R 两个数中较小的那个，定义为 $F = 2PR/(P+R)$。

对于每个精度，如果采用不同的计算方法，就得到了 micro、macro 和weighted 等不同精度。

```
Accuracy:　0.958041958041958

　　　　　precision　recall　f1-score　support
```

0	0.91	0.98	0.95	53
1	0.99	0.94	0.97	90
micro avg	0.96	0.96	0.96	143
macro avg	0.95	0.96	0.96	143
weighted avg	0.96	0.96	0.96	143

micro 算法是指把所有的类放在一起算,具体到精准率,就是把所有类的 TP 加和,再除以所有类的 TP 和 FN 的加和。因此 micro 方法下的精准率和召回率都等于准确率。macro 方法就是先分别求出每个类的精准率再求算术平均。weighted 算法不是取算术平均乘以固定 weight,而是乘以该类在总样本数中的占比。

此外,分类器性能评价还经常使用 ROC 曲线和 AUC 曲线,这里不再详细介绍。可以优化模型参数,并使用正则化方法,进一步提升模型精度。此外,通过简单的改动,逻辑回归也可以解决多分类问题,这些内容本书也不再详细介绍。

5.5 本章小结

本章主要介绍一元线性回归、多元线性回归和 Logistic 回归的基本概念和原理。一元线性回归和多元线性回归主要解决回归问题,解决自变量和因变量之间存在线性关系的问题;而 Logistic 回归是一种广义线性回归模型,可以解决分类问题。本章还介绍了如何利用 sklearn 包实现这些模型,并完成简单的回归和分类任务。此外,还介绍了梯度下降法的基本原理和应用。

习 题

1. 说明一元线性回归和多元线性回归的基本原理。

2. 修改代码 5-2 中的测试集和数据集大小的比例,查看并比较对结果的影响。

3. 梯度下降法为什么要在迭代公式中使用步长系数?

4. 修改代码 5-5 中的学习率,观察并比较对结果的影响。

5. 利用代码 5-6,选取不同属性进行判别,比较不同属性对判别结果的影响。

第6章

人工神经网络

大脑是由约 100 亿个高度互联的神经元组成的,这些神经元构成一个协同处理的复杂网络结构,即神经网络,成为认知的物质与生理基础。人工神经网络是模拟大脑构建的计算模型,由大量模拟神经元的处理单元——人工神经元构成,形成一个大规模的非线性自适应系统,拥有学习、记忆、计算以及智能处理能力,可以在一定程度上模拟人脑的信息储存、检索和处理能力。

6.1 感 知 机

6.1.1 感知机模型

1957 年康奈尔大学的 Rosenblatt 提出了感知机的概念。感知机模拟生物神经元,接收一个或者多个输入,处理后输出一个结果。图 6-1 是感知机的示意图。

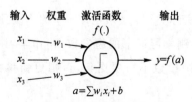

图 6-1 感知机示意图

感知机可以有一到多个输入,每个输入带有一个权重 w_i,用来表示该输入的重要程度,每个感知机有一个偏置 b,w_i 和 b 构成了感知机的参数集合。感知机计算输入的线性组合(或者叫作预激活)

$$a = \sum_{i=1}^{n} w_i x_i + b \qquad (6\text{-}1)$$

并将其交予激活函数 $f(a)$ 得到输出 y。

激活函数用于模拟生物神经元的激活与非激活状态,通常采用阶梯函数、sigmoid 函数和分段线性函数及其变体。图 6-2 给出了几种激活函数的定义和图形。

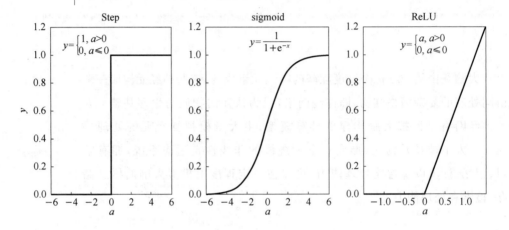

图 6-2　几种激活函数

6.1.2　感知机学习策略

依据训练样本的数据确定 w_i 和 b(不区分的时候统一记为 θ_i)值的过程就是感知机的学习过程,其学习算法基于误差驱动。首先,将未经学习的 θ_i 设置为 0 或者很小的随机值,然后对训练集中的每个样本进行分类预测,并根据预测结果更新参数值。参数更新依据式(6-1)进行。

$$\theta_i(t+1) = \theta_i(t) + \eta(\hat{y}_j - y_j(t)) x_{ji} \qquad (6\text{-}2)$$

其中,$\hat{y}_j$ 是样本 j 的实际类别;$y_j(t)$ 是样本 j 的本次预测类别;x_{ji} 是样本 j 的第 i 个特征;η 是控制学习速率的超参数,叫作学习率。显然,如果预测正确,$\hat{y}_j - y_j(t) = 0$,则参数不需要更新,否则更新参数,这种更新规则类似于梯度下降算法。

学习遍历训练集中的每个样本称为一个训练周期(Epoch)。如果在一个训练周期内对所有样本都分类正确,则模型达到收敛状态,停止训练；否则，进入下一周期，直至模型收敛，或者达到最大训练周期数。

逻辑"与""或"运算问题是计算机科学的基本问题，利用感知机模型可以完成逻辑与、或运算的求解。表 6-1 列出逻辑与、或运算规则。

表 6-1　逻辑与、或运算规则

序号	x_1	x_2	x_1 AND x_2	x_1 OR x_2
1	0	0	0	0
2	0	1	0	1
3	1	0	0	1
4	1	1	1	1

以逻辑与问题为例，首先建立问题求解的感知机模型，以 x_1 和 x_2 为输入，与运算结果为输出，采用阶梯函数为激活函数，以四个运算规则为训练集。实现程序如下：

```python
#code-6-1.py
import numpy as np


class Perceptron(object):
    def __init__(self, input_size, lr = 1, epochs = 100):
        #l-学习率,epochs-最大训练周期
        self.W = np.zeros(input_size + 1)
        #增加一个参数,即偏置
        self.epochs = epochs
        self.lr = lr


    #激活函数
    def activation(self, x):
        return 1 if x >= 0 else 0
    #预测函数
    def predict(self, x):
        z = self.W.T.dot(x)
        a = self.activation(z)
        return a
```

```
#拟合函数
def fit(self, X, d):
    for _ in range(self.epochs):
        for i in range(d.shape[0]):
            x = np.insert(X[i], 0, 1)
            y = self.predict(x)
            err = d[i] - y
            self.W = self.W + self.lr * err * x


if __name__ = = '__main__':
    X = np.array([[0, 0], [0, 1], [1, 0], [1, 1]])
    y = np.array([0, 0, 0, 1])    #and 运算


    perceptron = Perceptron(input_size = 2)
    perceptron.fit(X, y)
    print(perceptron.W)
    for x in X:
        x = np.insert(x, 0, 1)
        y_pre = perceptron.predict(x)
        print('%s and %s = %s' % (x[1], x[2], y_pre))
```

代码中,最大训练周期采用默认值 100,学习率采用 1,从如下输出结果可以看出,该感知机实现了逻辑与的运算,经过 4 个训练周期后模型收敛到稳定状态,此时模型参数 b、w_1、w_2 分别为 2.、1.、-3.。

中间过程

Epoch	参数[b, w_1, w_2]	误差
0	[0., 1., 1.]	1
1	[-1., 2., 1.]	1
2	[-2., 2., 1.]	1
3	[-2., 2., 2.]	1
4	[-3., 2., 1.]	0
5	[-3., 2., 1.]	0
6	[-3., 2., 1.]	0

执行结果

```
[-3.  2.  1.]
0 and 0 = 0
0 and 1 = 0
1 and 0 = 0
1 and 1 = 1
```

　　训练过程中的参数变化其实对应了决策边界(即直线 $w_1x_1+w_2x_2+b=0$)的变化,不同训练周期的变化过程如图 6-3 所示。从图 6-3 中可以看出,其实逻辑与属于一个二元分类问题,是将特征为(1,1)的点和其余三个点(0,0)、(0,1)、(1,0)区分出来。因此,感知机可以完成其他的类似线性分类任务。

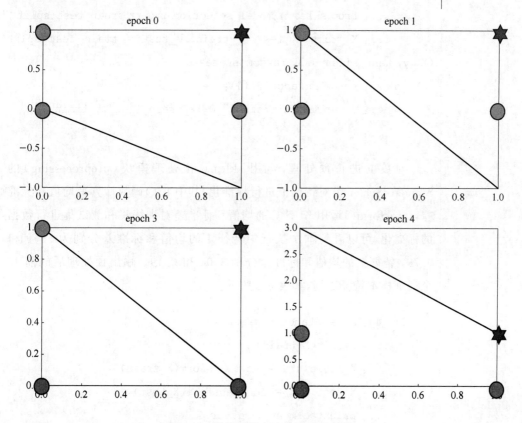

图 6-3　学习过程中决策边界的变化

6.1.3 应用感知机进行分类

sklearn 包也提供了感知机,以下介绍使用 sklearn 包的感知机模型实现鸢尾花分类。

首先,进行数据准备,加载数据集,并选择花萼长和宽(特征 0 和 1)作为观测特征,并随机划分训练集和测试集。同时,打印出前 10 个样本。

```
In [1]: from sklearn import datasets
   ...: import numpy as np
   ...: iris = datasets.load_iris()
   ...: X = iris.data[:,[0,1]]
   ...: y = iris.target
   ...: from sklearn.model_selection import train_test_split
   ...: X_train, X_test, y_train, y_test = train_test_split
(X, y, test_size = 0.3, random_state = 0)
In [2]: for i in range(0,10):
   ...:        print(X_train[i][0],X_train[i][1],y_train[i])
   ...:
```

对数据进行预处理,运用 sklearn 预处理模块(preprocessing)的 StandardScaler 类对特征值进行标准化,其中 fit()函数计算平均值和标准差,transform()运用 fit 计算的均值和标准差对训练集和测试集进行数据的标准化,可以看到本次执行中特征 1 的均值和标准差分别为 5.89 和 0.76,特征 2 的均值和标准差分别 3.04 和 0.19。输出预处理后的前 10 个训练样本特征数据,如表 6-2 所示。

```
In [4]: sc = StandardScaler()
   ...: sc.fit(X_train)
   ...: X_train_std = sc.transform(X_train)
   ...: X_test_std = sc.transform(X_test)
   ...: print(sc.mean_, sc.var_)
```

表 6-2　10 个训练样本的数据

序号	花萼长		花萼宽		分类（标签）
	原始	标准化	原始	标准化	
1	5	−1.02	2	−2.38	1
2	6.5	0.70	3	−0.10	2
3	6.7	0.92	3.3	0.58	2
4	6	0.12	2.2	−1.92	2
5	6.7	0.92	2.5	−1.24	2
6	5.6	−0.34	2.5	−1.24	1
7	6.7	2.07	3	−0.10	2
8	6.3	0.47	3.3	0.58	1
9	5.5	−0.45	2.4	−1.47	1
10	6.3	0.47	2.7	−0.78	2

建立感知机模型，并进行训练和预测，训练周期数取 40，学习率取 0.1。

In [5]：ppn = Perceptron(n_iter = 40, eta0 = 0.1, random_state = 0)

　...：ppn.fit(X_train_std, y_train)

　...：y_pred = ppn.predict(X_test_std)

输出预测精度。可以看出，15 个样本分类错误，所以准确率约为 67%。

In [8]：from sklearn.metrics import accuracy _ score, classification_report

In [9]：print('Misclassified samples：% d' % (y_test != y_pred).sum())

　...：print('Accuracy：% .2f' % accuracy_score(y_test, y_pred))

　...：print(classification_report(y_test, y_pred))

Misclassified samples：15　　　　　　　　Accuracy：0.67

	precision	recall	f1-score	support
0	0.89	1.00	0.94	16
1	1.00	0.17	0.29	18
2	0.46	1.00	0.63	11
micro avg	0.67	0.67	0.67	45
macro avg	0.78	0.72	0.62	45
weighted avg	0.83	0.67	0.60	45

在其他参数不变的情形下,如果选取花瓣长宽,即特征2和3进行训练,得到如下执行结果。可以看出,准确率提高了,主要原因是类别2(弗吉尼亚鸢尾)的准确率提升了。

Misclassified samples:9			Accuracy:0.80	
	precision	recall	f1-score	support
0	0.89	1.00	0.94	16
1	1.00	0.50	0.67	18
2	0.61	1.00	0.76	11
micro avg	0.80	0.80	0.80	45
macro avg	0.83	0.83	0.79	45
weighted avg	0.87	0.80	0.79	45

两种情形的决策边界如图6-4所示,从图中也可以看出,类别1识别错误的次数均较多,召回率低,选取特征0、1时,尤其明显。如果同时选取所有四个特征进行训练,则学习效果会有很大改善,执行结果如下所示。

Misclassified samples:2			Accuracy:0.96	
	precision	recall	f1-score	support
0	0.94	1.00	0.97	16
1	1.00	0.89	0.94	18
2	0.92	1.00	0.96	11
micro avg	0.96	0.96	0.96	45
macro avg	0.95	0.96	0.96	45
weighted avg	0.96	0.96	0.96	45

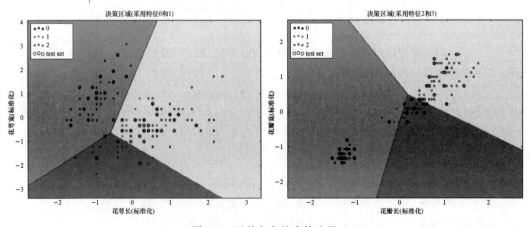

图6-4 两种方案的决策边界

6.1.4 感知机的局限性

单个的感知机可以求解与、或问题,但是对于异或(XOR)问题却无能为力。究其原因,感知机使用超平面区分正向类和负向类,如图 6-5 所示的与或问题,用一条直线即可将逻辑运算的结果分开,这属于线性分类问题。但是,对于异或问题,属于非线性分类问题,无法用一条直线将两类结果分割开。

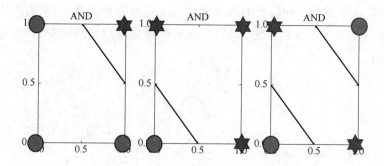

图 6-5　三类逻辑运算的决策边界(圆圈代表 0,六角形代表 1)

6.2　多层感知机

虽然单个感知机无法求解异或问题,但是从图 6-5 可以看出,两条直线可以将结果分开。因此,有没有可能先用感知机将一个结果和另外三个分类,这是一个线性分类过程,再用另一个感知机将剩下的三个进行线性分类,最终达到用多个感知机相结合,实现非线性分类的目的? 这就是本节要讨论的内容,即多层感知机模型。

6.2.1 多层感知机模型

虽然单个感知机的功能有限,但是如果将多个感知机以一定的方式连接起来,就可以构造出能完成复杂任务的人工神经网络,多层感知机就是其中一种。

多层感知机由多层人工神经元组成,每层包括多个神经元,层内的神经元之间没有链接,层与层之间的神经元全连接,每一层神经元的输出作为下一层的输入,因此多层感知机是一个有向无环图。每个多层感知机有一个输入层和一个输出层,输入层用来接收特征,输出层用来输出因变量的预测值。输入层和输出层之间可以有多个层,这些层用来表示潜在的变量,所以被称为隐含层。一个多层感知机中,可以有一到多个隐含层。

图 6-6 是一个多层感知机模型,输入层有三个神经元,隐含层有 5 个神经元,输出层有 4 个神经元。每条边都有一个权重 w,隐含层和输出层每个神经元都有一个偏置值 b。隐含层和输出层每个神经元都有一个激活函数 f,根据输入和偏置的线性组合决定自身是否被激活,从而产生相应输出(不激活一般对应输出 0),激活函数和简单感知机一样,可以有多种选择。

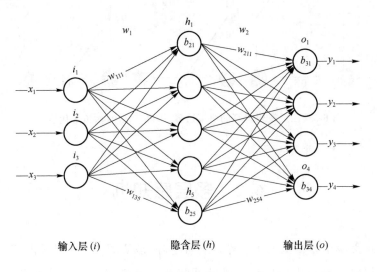

图 6-6　多层感知机示意图

因为多层感知机是一个有向无环图,所以每一层只受前一层的影响,信息传递总是前向的,是一种前馈网络,如图 6-7 所示。前馈遵循如下规则:

$$\begin{cases} o_i^{(1)} = x_i \\ o_i^{(j+1)} = f(\sum_{k=1}^{N_j} w_{ki}^{(j,j+1)} o_k^{(j)} + b_i^{(j+1)}) \end{cases} \tag{6-3}$$

其中,$o_i^{(j)}$ 表示第 j 层的第 i 个神经元的输出,层数从 1 开始计数;x_i 为第 i 个输入特征;N_j 为第 j 层的神经元数目;$w_{ki}^{(j,j+1)}$ 为第 j 层第 k 个神经元和第 $j+1$ 层第 i 个神经元之间连接的权重,$b_i^{(j)}$ 为第 i 层第 k 个神经元的偏置。

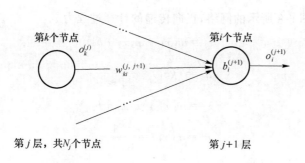

图 6-7　前馈示意图

6.2.2　多层感知机的训练——BP 算法

和感知机一样,多层感知机的训练也是基于误差驱动的,但由于包含多个隐含节点(也称隐节点)及关联多个权重,所以为了反映不同层节点、权重是如何影响误差的,采用误差反向传播(Back-Propagation,BP)算法计算整个网络的代价函数针对每一个权重的梯度。

反向传播指当计算梯度时误差沿前馈相反的方向穿过网络的各层,它和某种优化算法(例如梯度下降法)相结合,实现对多层感知机的训练,本书主要采用梯度下降算法。

BP 算法是一种迭代算法,每次迭代由两个步骤组成,即预测正向传递和误差的反向传播。在正向阶段,特征从输入开始按照式(6-3)的处理规则经各隐含层直至输出层,完成一次预测,损失函数利用输出来计算预测的误差;反向传播则是通过误差从代价函数向输入层传播,估计每个神经元(或者权重)对误差的贡献,计算各权重的梯度,更新权重值,完成一次迭代。该过程持续迭代直至模型收敛。

我们以图 6-8 所示的一个三层感知机为例介绍反向传播的过程。该模型的激活函数采用 sigmoid 函数,参数估计采用梯度下降法;特征向量为 $[0.8,0.3]$,目标值为 0.5,学习率设置为 0.1。为了描述方便起见,采用了较简单的标记。

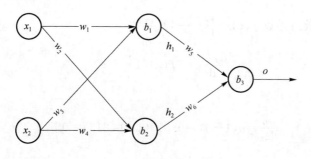

图 6-8　反向传播示例

对于图 6-8 所示的网络,正向传递的计算过程为

$$z_1 = w_1 x_1 + w_3 x_2 + b1$$

$$h_1 = f(z_1) = \frac{1}{1+e^{-z_1}}$$

$$z_2 = w_2 x_1 + w_4 x_2 + b_2$$

$$h_2 = f(z_2) = \frac{1}{1+e^{-z_2}}$$

$$z_3 = w_5 h_1 + w_6 h_2 + b_3$$

$$o = f(z_3) = \frac{1}{1+e^{-z_3}}$$

(6-4)

如果权重和偏置初始值设置如表 6-3 所示,利用式(6-4)经过一次正向传递后各节点中间值和输出值也在表中列出。

表 6-3　权重和偏置初始值设置

w_1	w_2	w_3	w_4	w_5	w_6	b_1	b_2	b_3
0.4	0.3	0.8	0.1	0.6	0.2	0.5	0.2	0.9
z_1	h_1	z_2	h_2	o	—	—	—	—
1.06	0.743	0.47	0.615	0.813	—	—	—	—

我们是用残差平方和作为代价函数,即

$$C = \frac{1}{2}(\hat{o} - o)^2$$

(6-5)

其中,$\hat{o}$ 为目标值。

接下来采用梯度下降更新参数,首先更新参数 w_5。显然代价函数是权重的复合函数,根据复合函数求导的链式法则,有

$$\frac{\partial C}{\partial w_5} = \frac{\partial C}{\partial o} \cdot \frac{\partial o}{\partial z_3} \cdot \frac{\partial z_3}{\partial w_5}$$

(6-6)

又由式(6-5),有

$$\frac{\partial C}{\partial o} = -(\hat{o} - o) = -(0.5 - 0.813) = 0.313$$

(6-7)

对于激活函数 $f(z) = \dfrac{1}{1+e^{-z}}$,其导数

$$\frac{\mathrm{d}f(z)}{\mathrm{d}z} = f(z)(1 - f(z))$$

(6-8)

所以

$$\frac{\partial o}{\partial z_3} = o(1 - o) = 0.813(1 - 0.813) = 0.152$$

(6-9)

然后

$$\frac{\partial z_3}{\partial w_5} = h_1 = 0.743 \tag{6-10}$$

所以,代价函数对于 w_5 的偏导数为

$$\frac{\partial C}{\partial w_5} = \frac{\partial C}{\partial o} \cdot \frac{\partial o}{\partial z_3} \cdot \frac{\partial z_3}{\partial w_5} = 0.313 \times 0.152 \times 0.743 = 0.035 \tag{6-11}$$

最后更新 w_5 的值,得到新的权重

$$w_5(1) = w_5(0) - \eta \frac{\partial C}{\partial w_5} = 0.6 - 0.1 \times 0.035 = 0.596 \tag{6-12}$$

w_6 和 b_3 的更新与 w_5 类似。但是 w_1 到 w_4、b_1 和 b_2 的更新又稍稍复杂一点,这里以 w_1 为例简要说明。首先需要求代价函数关于 w_1 的偏导数

$$\frac{\partial C}{\partial w_1} = \frac{\partial C}{\partial o} \cdot \frac{\partial o}{\partial z_3} \cdot \frac{\partial z_3}{\partial h_1} \cdot \frac{\partial h_1}{\partial w_1} \tag{6-13}$$

又有

$$\frac{\partial h_1}{\partial w_1} = \frac{\partial h_1}{\partial z_1} \cdot \frac{\partial z_1}{\partial w_1} \tag{6-14}$$

则

$$\frac{\partial C}{\partial w_1} = \frac{\partial C}{\partial o} \cdot \frac{\partial o}{\partial z_3} \cdot \frac{\partial z_3}{\partial h_1} \cdot \frac{\partial h_1}{\partial z_1} \cdot \frac{\partial z_1}{\partial w_1} \tag{6-15}$$

得到

$$\frac{\partial C}{\partial w_1} = 0.313 \times 0.152 \times 0.6 \times 0.743 \times (1 - 0.743) \times 0.8 = 0.004$$

利用该值可以更新权重 w_1 的值。其他参数更新过程类似,不再一一赘述。所有参数更新完成以后,再次输入特征,进入下一次迭代。

6.3　多层感知机的应用

到目前我们已经学习了多层感知机模型及其训练,接下来通过两个例子学习利用多层感知机模型解决具体问题。

6.3.1　多层感知机逼近 XOR 问题

在感知机部分,我们已经知道单个感知机无法解决 XOR,即逻辑异或问题。本节我们尝试用多层感知机来逼近 XOR 问题。我们采用一个三层感知机,其中输入层两个神经元,对应两个特征,隐含层两个神经元,输

出一个神经元,对应目标,采用 sigmoid 函数作为每个神经元的激活函数。

首先,定义 sigmoid 函数及其导函数,这里也可以定义其他激活函数。

```python
#code-6-3.py
import numpy as np
# Soigmoid 函数
def sigmoid(x):
    return 1.0/(1.0 + np.exp(-x))


# sigmoid 导函数性质:f'(t) = f(t)(1 - f(t))
#参数 y 采用 sigmoid 函数的返回值
def sigmoid_prime(y):
    return y * (1.0 - y)
```

然后定义多层感知机类 MLP,实现构造__init__()方法,主要实现以下功能:接收层数,设置激活函数及其导函数,初始化权重,其中将偏置也当作一个权重信息对待,这主要是为了提升程序的可扩展性。

```python
class MLP:
    def __init__(self, layers):
        """

        :参数 layers:神经网络的结构(输入层-隐含层-输出层包含的节点数列表)
        """
        self.activation = sigmoid
        self.activation_prime = sigmoid_prime

        #存储权值矩阵
        self.weights = []

        # range of weight values (-1,1)
        #初始化输入层和隐含层之间的权值
        for i in range(1, len(layers) - 1):
            r = 2 * np.random.random((layers[i-1] + 1,
layers[i] + 1)) - 1      # add 1 for bias node
            self.weights.append(r)
```

```
        #初始化输出层权值
        r = 2 * np.random.random((layers[i] + 1, layers[i +
1])) - 1

        self.weights.append(r)
```

接下来定义多层感知机类的训练(fit())方法,该方法接受训练集中样本的特征和目标值,并设定学习率和最大训练周期数,执行 BP 算法完成训练过程。

```
    def fit(self, X, Y, learning_rate = 0.2, epochs = 10000):
        # Add column of ones to X
        # This is to add the bias unit to the input layer
        X = np.hstack([np.ones((X.shape[0],1)),X])


        for k in range(epochs):     #训练固定次数
            # Return random integers from the discrete uniform
distribution in the interval [0, low).
            i = np.random.randint(X.shape[0],high = None)
            a = [X[i]]   #从 m 个输入样本中随机选一组

            for l in range(len(self.weights)):
                # 权值矩阵中每一列代表该层中的一个节点
与上一层所有节点之间的权值
                dot_value = np.dot(a[l], self.weights[l])
                activation = self.activation(dot_value)
                a.append(activation)

            #反向递推计算 delta:从输出层开始,先算出该层的
delta,再向前计算
            error = Y[i] - a[-1]    #计算输出层 delta
            deltas = [error * self.activation_prime(a[-1])]

            #从倒数第 2 层开始反向计算 delta
            for l in range(len(a) - 2, 0, -1):
```

```
        deltas.append(deltas[-1].dot(self.weights
[1].T) * self.activation_prime(a[1]))


        # [level3(output)->level2(hidden)]   =>
[level2(hidden)->level3(output)]
        deltas.reverse()    #逆转列表中的元素


        # backpropagation
        # 1. Multiply its output delta and input activation
to get the gradient of the weight.
        # 2. Subtract a ratio (percentage) of the gradient
from the weight.
        for i in range(len(self.weights)):  #逐层调整
权值
            layer = np.atleast_2d(a[i])
        # View inputs as arrays with at least two dimensions
            delta = np.atleast_2d(deltas[i])
#每输入一次样本,就更新一次权值
self.weights[i] += learning_rate * np.dot(layer.T, delta)
```

再定义预测方法(predict()),接收输入的特征,并进行预测。

```
    def predict(self, x):
        a = np.concatenate((np.ones(1), np.array(x)))
#a为输入向量(行向量)
        for l in range(0, len(self.weights)):
#逐层计算输出
            a = self.activation(np.dot(a, self.weights[l]))
        return a
```

建立主程序。

```
if __name__ == '__main__':
    mlp = MLP([2,2,1])        # 网络结构:2输入1输出,1个
隐含层(包含2个节点)
```

```
X = np.array([[0, 0],          # 输入矩阵(每行代表一个样
本,每列代表一个特征)
                [0, 1],
                [1, 0],
                [1, 1]])
Y = np.array([0, 1, 1, 0])     # 目标值

mlp.fit(X, Y)                  # 训练网络
print 'w:', mlp.weights        # 调整后的权值列表
for s in X:
    print(s, mlp.predict(s))   # 测试
```

最后运行即可得到相应的执行结果。

```
w: [array([[-0.83867606, -7.30256168,  1.46552213],
        [ 3.54151563,  4.78922086, -4.52164813],
        [ 3.51277095,  4.8043351 , -4.5072693 ]]),
array([[ 4.77869017], [-8.96513744], [-6.35018451]])]

(array([0, 0]), array([0.02360292]))
(array([0, 1]), array([0.97068115]))
(array([1, 0]), array([0.97128927]))
(array([1, 1]), array([0.03306584]))
```

6.3.2 多层感知机识别手写数字

字符识别是光学字符识别系统的基本组件,在模式识别、机器学习和人工智能等领域有广泛的应用背景。以下我们基于 MNIST(混合美国标准和技术研究所)数据集来学习利用多层感知机进行手写数字识别的方法。

MNIST 数据集是由 Yann LeCun 发起建立的手写数字图像集合,样本包含 0～9 的数字图像,来自美国高校学生和人口普查局的雇员书写的文档。目前 MNIST 已经成为图像分类领域的基准测试数据集之一,该数据集包含 60 000 幅图像的训练集和 10 000 幅图像的测试集,每幅图像是分辨率为 28×28 像素的灰度图像。下面通过一段程序来查看这些图像。

```
#code-6-4.py
import matplotlib.pyplot as plt
import numpy as np
from sklearn.datasets import fetch_mldata
import matplotlib.cm as cm

mnist = fetch_mldata('MNIST original')
counter = 1
for i in range(1, 5):
    for j in range(1, 9):
        plt.subplot(4, 8, counter)
        plt.imshow(mnist.data[int(70000 * (np.random.random
()))].reshape((28,28)),
                    cmap = cm.Greys_r)
        plt.axis('off')
        counter += 1
plt.show()
```

上述代码使用了 sklearn 包的"fetch_mldata('MNIST original')"方法来获取 MNIST 数据集,并随机选取了 28 幅进行显示,显示结果如图 6-9 所示。

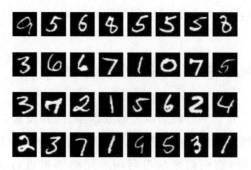

图 6-9　MNIST 数据集示例

使用多层感知机进行手写数字识别,首先要建立对应的多层感知机模型,确定模型的输入和输出。识别过程其实就是对图像分类的过程,将输入的图像映射到 0~9 的 10 个类别。因此模型的输出可以是分别代表数字 0~9 的 10 个节点,当其中某个节点输出值最大时,即认为目标值就是该节点对应的数字。图像是由多个像素组成的,因此每个像素的颜色可以作为该图像的一个特征,MNIST 数据集中的图像为 $28 \times 28 = 784$ 个像素,又由于所有图像为灰度图,因此有 784 个特征,每个特征的取值为 $0 \sim 255$,一般通过除以 255 进行归一化。如果是真彩色的图像,特征应该如何表示?这个问题留给读者自己思考。因此针对 MNIST 数据集的手写数字识别多层感知机输入层有 784 个神经元,输入数据为 $0 \sim 255$,输出层有 10 个神经元,输出值为 0 或 1。网络结构如图 6-10 所示。

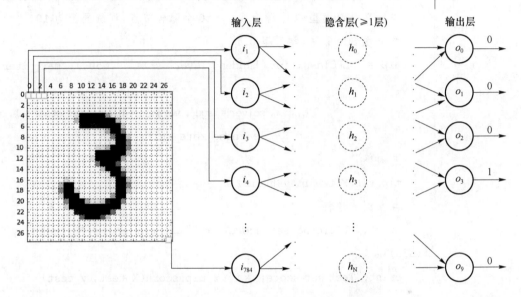

图 6-10 用于手写数字识别的多层感知机模型

在异或问题求解的代码基础上很容易实现 MNIST 数据集的识别问题。下面还是利用 sklearn 包提供的多层感知机 MLPClassifier 类来完成识别任务。

```python
#code-6-5.py
#用 MLP 识别 MNIST 字符
import matplotlib.pyplot as plt
from sklearn.datasets import fetch_mldata
from sklearn.neural_network import MLPClassifier
from sklearn.metrics import classification_report
#获取 MNIST 数据集
mnist = fetch_mldata('MNIST original')
#获取特征和目标值
X = mnist.data
```

```
y = mnist.target
#像素灰度值归一化
X = X / 255.


#分割训练集和测试集
X_train, X_test = X[:60000], X[60000:]
y_train, y_test = y[:60000], y[60000:]
#定义 MLP 模型,1 个隐含层,含 50 个隐含节点,训练周期为 10
#采用 SGD 算法,学习率 0.1
mlp = MLPClassifier(hidden_layer_sizes = (50,), max_iter
= 10,
                    solver ='sgd', verbose = 10, random_state = 1,
                    learning_rate_init = .1)
#训练
mlp.fit(X_train, y_train)
#预测并评价
print("Training set score: % f" % mlp.score(X_train, y_
train))
print("Test set score: % f" % mlp.score(X_test, y_test))


print(classification_report(y_test, mlp.predict(X_test)))
```

在 MLPClassifier 类实例化时需要设置模型的参数,包括隐含层层数、隐含层节点数、训练周期数、参数估计采用的优化算法和学习率等,其中隐含层层数、隐含层节点数、训练周期数和学习率一般称为模型的超参数,这些参数对模型的性能有很大影响。其中隐含层的层数和每层节点数决定着模型的拓扑结构,用关键字 hidden_layer_sizes 设置,定义为一个元组。上述代码中 hidden_layer_sizes=(50)表示有一个隐含层,隐含节节个数为 50;如果要设置为两层隐含层,第一层节点数为 50,第二层也为 50,则可写为 hidden_layer_sizes=(50,50)。隐含层和每层隐含节点数的增加一般都会增加模型的表达能力,提升模型的精度。训练周期通过 max_iter 设置,学习率用 learning_rate_init 设置。下面是依次执行的结果。

```
Iteration 1, loss = 0.32212731
```

Iteration 2，loss ＝ 0.15738787

Iteration 3，loss ＝ 0.11647274

Iteration 4，loss ＝ 0.09631113

Iteration 5，loss ＝ 0.08074513

Iteration 6，loss ＝ 0.07163224

Iteration 7，loss ＝ 0.06351392

Iteration 8，loss ＝ 0.05694146

Iteration 9，loss ＝ 0.05213487

Iteration 10，loss ＝ 0.04708320

上述结果是每个训练周期完成后损失函数值,从中可以看出其收敛过程,在前两个周期收敛很快,第三个周期后收敛速度放慢。

Training set score：0.985733

Test set score：0.971000

上述结果是模型在训练集和数据集上的预测精度,训练精度高于测试精度。以下是更详细的精度的描述,不再详细解释。

	precision	recall	f1-score	support
0.0	0.97	0.98	0.98	980
1.0	0.97	0.99	0.98	1135
2.0	0.96	0.97	0.97	1032
3.0	0.98	0.95	0.96	1010
4.0	0.97	0.98	0.97	982
5.0	0.96	0.97	0.96	892
6.0	0.98	0.98	0.98	958
7.0	0.98	0.96	0.97	1028
8.0	0.97	0.97	0.97	974
9.0	0.97	0.96	0.97	1009
micro avg	0.97	0.97	0.97	10000
macro avg	0.97	0.97	0.97	10000
weighted avg	0.97	0.97	0.97	10000

如果修改模型的结构,那么会带来什么影响呢？首先其他条件不变的情形下增加隐含节点的个数,加到 100；然后增加一层隐含层,两层的节

点数都为50,执行结果如表6-4所示。可以看出,采用单个隐含层,但隐含节点数增至100的模型精度提升明显;增加一个隐含层,两层的隐含节点数均为50的模型精度在前两种模型之间。

表 6-4   不同网络结构对训练过程和结果的影响比较

	训练周期数	1 隐含层(50 隐含节点)	1 隐含层(100 隐含节点)	2 隐含层(50, 50 隐含节点)
Loss	1	0.322 127 31	0.297 115 11	0.317 712 75
	2	0.157 387 87	0.125 439 94	0.131 484 91
	3	0.116 472 74	0.088 919 95	0.103 683 94
	4	0.096 311 13	0.069 805 87	0.086 256 67
	5	0.080 745 13	0.057 222 61	0.073 576 33
	6	0.071 632 24	0.047 684 7	0.065 124 1
	7	0.063 513 92	0.039 881 28	0.056 888 86
	8	0.056 941 46	0.034 842 39	0.048 979 71
	9	0.052 134 87	0.028 507 33	0.046 680 1
	10	0.047 083 2	0.023 734 36	0.041 058 55
精度	训练精度	0.985 733	0.994 95	0.989 967
	测试精度	0.971	0.979 2	0.973 4

6.4   其他神经网络

经过半个世纪的发展,人工神经网络已经发展出各种形式,如径向基函数网络、递归神经网络、霍普菲尔德网络、卷积神经网络、玻尔兹曼机、超限学习机、自动编码器和自组织映射等,这些网络均拥有各自的特点,可以完成各类不同的任务。以下简要介绍递归神经网络、霍普菲尔德网络、玻尔兹曼机、超限学习机和自组织映射等四种网络。

6.4.1   递归神经网络

多层感知机是一种前馈网络,在图像分类中,一个训练好的前馈网络可以应用于任何随机的照片集合中,它所处理的第一幅图像并不会改变它对第二幅图像的分类方式,比如看到一只猫的图像不会导致将下一幅图像识别为大象。因此,前馈网络没有时间顺序的概念,它只考虑它所接触到的当前实例,没有历史、记忆的概念。

但是一些随机事件总在时间上有内在的相关性,例如天气、语言等,当前的天气总会和前一刻的天气有关联,一句话中某个词的含义会和上下文相关。递归神经网络(Recurrent Neural Network,RNN)可以用于描述此类问题,该网络不仅把当前感知的信息作为输入,还把之前即时感知到的信息也作为输入,其工作原理如图 6-11 所示。

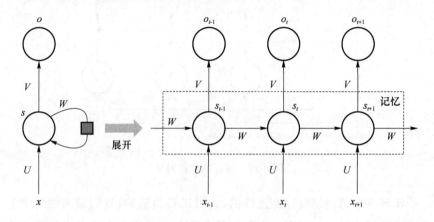

图 6-11 递归神经网络示意图

图 6-11 中,t 下标代表了事件的时间步,x 为输入,s 为隐藏单元,o 为输出单元,U、W 和 V 为权重。需要注意,每个时间步的 U、W 和 V 是一致的,这反映了在每一步都执行相同的任务,只是输入不同,也大大减少了需要学习的参数总数。

可以看出,序列信息被保存在递归网络的隐藏状态中,当它向前级联影响每个新实例的处理时,它设法跨越许多时间步长。因此它可以在一段时间内发生的事件之间寻找相关性,这些相关性被称为长期依赖关系。这类似于人类的记忆,在大脑内无形地循环,影响着我们的行为,而不会显露出它的全部形态,递归网络中信息也在隐藏状态中循环。

递归神经网络的应用非常广泛,例如时间序列预测、异常检测、数据修复以及自然语言处理等,长短期记忆是目前应用较多的一种递归神经网络。递归神经网络的学习采用随时间的反向传播算法。

6.4.2 霍普菲尔德网络

霍普菲尔德网络是由霍普菲尔德提出的一种递归神经网络,其目的是存储一个或多个模式,并根据部分输入回忆出完整的模式。例如,光学字符识别时,如果污渍使得有些字符模糊,需要从模糊的字符识别出原来的字符;对于单词、声音和复杂的图像,也存在类似的问题。

霍普菲尔德网络是一个全连接网络,所有节点既是输入又是输出,每个节点都是网络中所有其他节点的输入,也可以将每个节点到自身的链接看作权重为 0 的链接。图 6-12 所示的是一个 3 节点的霍普菲尔德网络。

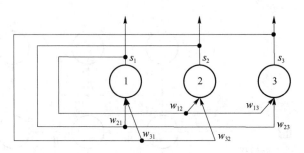

图 6-12　霍普菲尔德网络

霍普菲尔德网络可以是连续的,也可以是离散的,我们以离散的情形为例说明网络的工作过程。离散的霍普菲尔德网络每个神经元的状态为 -1 或 1,当一个输入到达时,神经元的状态 s_i 依据式(6-16)的规则进行更新,其中 θ_i 为阈值,w_{ij} 为权值,所有权重组成一个对角元素为 0 的对称矩阵。

$$s_i = \begin{cases} +1, & \sum_j w_{ij} s_j \geqslant \theta_i \\ -1, & \text{其他情形} \end{cases} \tag{6-16}$$

更新过程网络的状态通过一个标量来度量,称之为能量,定义为

$$E = -\frac{1}{2} \sum_{ij} w_{ij} s_i s_j + \sum_i \theta_i s_i \tag{6-17}$$

显然,当神经元更新时,E 的值总在减小或不变。多次更新后,随着能量函数达到一个极小值,网络状态收敛到一个稳定状态,该状态对应于系统存储的某个模式。由于整个更新过程根据部分输入回忆出最相似的完整模式,因此霍普菲尔德网络也称为联想存储器。

霍普菲尔德网络的学习过程就是根据给定的一组模式,通过利用赫伯学习率,获得权重矩阵,使得每个模式对应于一个局部极小的过程。其中,赫伯学习率是指神经元同时发出信息,同时传递信息;如果不能同步发出信息,那么一定是它们之间没有连接。

霍普菲尔德网络由于学习效率较低、存在伪模式、不同模式易混淆等问题,实际使用并不广泛,但该模型具有重要的理论意义,玻尔兹曼机等模型都是基于其发展而来的。

6.4.3 玻尔兹曼机

玻尔兹曼机(Boltzmann Machine，BM)是霍普菲尔德网络的一个拓展,保持了霍普菲尔德网络的权重对称、自身无连接和二值输出的假设,但同时在网络结构和神经元状态更新策略上采用了新的策略。

玻尔兹曼机将神经元分为可见节点和隐含节点两类,但隐含节点并不是必需的。可见节点又根据作用不同分为输入节点和输出节点。图 6-13 所示为一个玻尔兹曼机,其中节点 1、2 为输入层,3、4 为输出层,5、6 为隐含层,节点两两相连,每个连接对应一个权重,所有权重组成对角元素为 0 的对称权重矩阵。

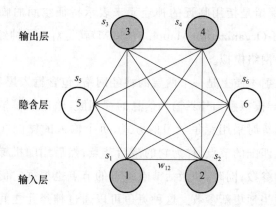

图 6-13 玻尔兹曼机

玻尔兹曼机的节点状态更新采用随机策略,对于第 i 个节点,令

$$z_i = \sum_j w_{ij} s_j + b_i \tag{6-18}$$

则该节点状态更新的概率为(假定状态值取 0 和 1)

$$P(s_i = 1) = \frac{1}{1 + \mathrm{e}^{-z_i}} \tag{6-19}$$

当所有的神经元都不再更新的时候,网络达到了一个平稳状态,该状态出现的概率取决于其能量,定义为

$$P(s) = \frac{\mathrm{e}^{-E(s)}}{\sum\limits_{ss \in S} \mathrm{e}^{-E(ss)}} \tag{6-20}$$

令 $Z = \sum\limits_{ss \in S} \mathrm{e}^{-E(ss)}$ 为状态空间中可能的状态的能量之和,称为配分函数;能量的定义类似于霍普菲尔德网络。

玻尔兹曼机是一个随机模型,采用监督学习策略,当给定一组输入和输出时,学习过程其实就是确定这些配置的最大似然估计的过程,但训练过程效率较低,因此后来又提出了只有两层(即可见层和隐含层),层之间全连接,层内无连接的受限玻尔兹曼机(Restricted Boltzmann Machine,RBM),并提出了一种适用于其的高效的对比散度算法,从而促进了深度学习的出现。

6.4.4　自组织映射

神经系统能够产生任何给定特征空间的自组织的拓扑保留映射,例如,不同的感觉输入(运动、视觉、听觉等)以有序的方式映射到大脑皮层的相应区域。自组织是指仅通过给神经元提供输入特征来组织映射神经元皮质,拓扑保留是指用临近的神经元来表示特征空间的临近区域。自组织映射(Self-Organization Mapping,SOM)就是对上述神经系统功能的一种人工神经网络模拟。

自组织映射本质上是一个两层的神经网络,包含输入层和竞争层(输出层)。输入层模拟感知外界输入信息的视网膜,输出层模拟做出响应的大脑皮层。训练时采用竞争学习的方式,每个输入的样例在竞争层中找到一个和它最匹配的节点,称为它的激活节点;然后用随机梯度下降法更新激活节点的参数;同时,和激活节点临近的节点也根据它们距离激活节点的远近而适当地更新参数。这种竞争可以通过神经元之间的横向抑制连接来实现,最终实现拓扑保留映射。

自组织映射是无监督学习方法中的一类重要方法,可以用作聚类、高维可视化、数据压缩和特征提取等多种用途。

6.5　本章小结

本章从感知机开始,介绍了人工神经网络的基本概念和方法。首先介绍了感知机的模型和学习策略,并介绍了利用感知机进行分类的方法。接下来,主要介绍了多层感知机的模型,并详细介绍了 BP 算法,在此基础上,介绍了利用多层感知机求解逻辑异或问题和进行 MNIST 手写数字识别的基本方法和过程。最后,本章对递归神经网络等几种神经网络作了简单介绍。

习　题

1. 说明激活函数的作用。举几种常见的激活函数的例子。

2. 编写利用单层感知机求解逻辑异或问题的程序,观察结果,并分析失败的原因。

3. 简述多层感知机的组成结构及各部分的作用。

4. 简述 BP 算法的基本原理。

5. 修改并运行代码 6-4,输出不同字符图像。

6. 修改代码 6-5,改变隐含节点个数,观察运行结果并说明。

第7章

深度学习

任何一种技术的发展并不总是一帆风顺的,人工神经网络也不例外。在经历了 20 世纪 70 年代和 90 年代两次低潮之后,终于在 21 世纪初迎来了以深度学习为代表的人工神经网络的一次新爆发,也带来了以深度学习为代表的人工智能技术的一次飞跃。本章简要介绍深度学习的概念、模型、方法以及一些相关知识。

7.1 深度学习的历史和定义

7.1.1 深度学习的历史

感知机被 Rosenblatt 提出后,因其可以实现逻辑与、或等问题的求解和线性分类问题而备受关注,但同时又由于无法解决逻辑异或等非线性分类问题而被诟病。多层感知机虽然可以解决逻辑异或问题,且拥有强大的数学表达能力,三层感知机甚至可以表达任意连续函数,但是在 20 世纪 70 年代 BP 算法提出之前,对多层神经网络一直没有有效的训练算法,因此也一直无法付诸应用。

BP 算法的提出从理论上解决了拥有多层结构的神经网络的学习问题,但在实践中由于梯度消失和梯度爆炸的问题而导致难以广泛应用。由 BP 算法的推导过程可知,进行误差反向传播、更新每个权重信息时需要计算代价函数关于该权重的偏导数,而根据复合函数的链式求导法则,当网络层数增加时,该偏导数由一串偏导函数值相乘得到,如果每个偏导函数值都小于 1,那么它们的乘积就会越来越小,甚至趋近于 0,这就是梯度消失问题,导致该权重在 BP 过程中基本得不到更新;反之,如果偏导函数值都大于 1,那么又导致它们的乘积越来越大,亦即梯度爆炸,从而导致每次更新过多,难以收敛到局部极小值处。

该阶段神经网络尽管在性能上不占优势,在实践中也没有得到广泛应用,但一些重要研究仍然为后来深度学习的出现和发展奠定了坚实基础,其中贡献最为突出的就是卷积神经网络(CNN)和长短时记忆网络(LSTM)。这些研究基础使得深度学习一旦条件成熟,就迅速进入了爆发期。

2006 年,Hinton 和 Salakhutdinov 提出了深度信念网络(Deep Belief Network,DBN)模型,该模型由多个受限玻尔兹曼机堆叠而成,通过无监督学习进行贪心的逐层训练,使得每层的权重比传统的 BP 算法所采用的随机初始值更接近理论值;最后用有监督的反向传播算法对各层权重进行调优,从而解决了梯度消失和爆炸问题。该方法的提出标志着深度学习这个新的领域正式产生了。2009 年,Bengio 又提出了堆叠自动编码器(Stacked Auto-Encoder,SAE),用自动编码器来代替受限玻尔兹曼机构造深度网络,取得了很好的效果。

2011 年,微软研究院和 Google 的语言识别研究人员先后采用深度学习技术降低语音识别错误率 20%~30%,是该领域 10 年来的最大突破。2012 年,Hinton 小组的深度学习模型 AlexNet 在 ImageNet 图像分类大赛中一举夺冠,该模型采用 ReLU 激活函数,从根本上解决了梯度消失问题,而 GPU 的使用极大地提高了模型的运算速度。同年,吴恩达和 Jeff Dean 共同主导的 Google Brain 项目用包含 16 000 个 CPU 核的并行计算平台训练超过 10 亿个神经元的深度网络,在语音识别和图像识别领域取得突破性进展。

2014 年,Facebook 基于深度学习技术的 DeepFace 项目,在人脸识别方面的准确率已经能达到 97% 以上,跟人类识别的准确率几乎没有差别。2016 年,Google 公司基于深度学习开发的 AlphaGo 以 4:1 的比分战胜了国际顶尖围棋选手李世石,证明了在围棋领域基于深度学习技术的机器人已经超越了人类。

2017 年,基于强化学习算法的 AlphaGo 升级版 AlphaGo Zero 采用"从零开始""无师自通"的学习模式,以 100:0 的比分轻而易举打败了之前的 AlphaGo。除了围棋,它还精通国际象棋等其他棋类游戏,可以说是真正的棋类"天才"。此外在这一年,深度学习的相关算法在医疗、金融、艺术、无人驾驶等多个领域均取得了显著的成果。

国内对深度学习的研究也在不断加速。2012年,华为在香港成立"诺亚方舟实验室"从事自然语言处理、数据挖掘与机器学习、媒体社交、人机交互等方面的研究。2013年,百度成立"深度学习研究院"(IDL),将深度学习应用于语言识别和图像识别、检索。同年,腾讯着手建立深度学习平台 Mariana,Mariana 面向识别、广告推荐等众多应用领域,提供默认算法的并行实现。2015年,阿里发布包含深度学习开放模块的 DTPAI 人工智能平台。

7.1.2 深度学习的定义

虽然已经经历了十余年的快速发展,但对于什么是深度学习,业界和学术界并没有给出统一的定义。不过,大家在以下几个方面对深度学习存在着广泛的共识。

首先,深度学习是机器学习的一个新的分支,是人工智能和机器学习发展到一定阶段的产物,从本质上来说是机器学习的一个子集,仍然是研究如何利用经验通过计算手段改进系统自身能力的理论和方法的学科,要解决的也仍然是分类、识别、预测以及相关的问题。人工智能、机器学习和深度学习之间的关系可以用图 7-1 表示。

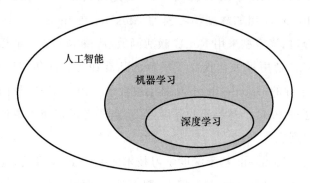

图 7-1　深度学习和机器学习、人工智能的关系

其次,和传统的机器学习(称之为浅层学习)相比较,深度学习更接近人类处理信息的方式。哺乳动物和人类的大脑是深层结构的,原始感知的输入通过多个层次的抽象表征,构建了由简单特征到复杂特征的逐层转换,每一个层次对应于大脑皮层的不同区域。深度学习通过构造深层结构的人工神经网络,模拟这种多层表示,每层对应于一类特定特征,高层特征取决于底层特征,每类特征由一个隐含层表示,隐含层从最初的几

层发展到十多层,甚至目前的上千层。以图像处理为例,低层提取边缘特征,更高层在此基础上形成简单图形,直至最后表示出复杂的视觉图案,该过程如图 7-2 所示。

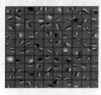 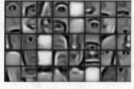 

底层特征　　　　　　　　高层特征　　　　　　　　复杂图案

图 7-2　特征的分层表示

最后,深度学习何以在 21 世纪初得到快速发展呢?这得益于 3 个必要条件,即大量数据的获取、计算能力的提升和优秀算法的提出。首先,以 ImageNet 为代表的大规模数据集的出现为深度学习的产生提供了数据基础,大规模数据集使得深层网络结构不会轻易地过拟合;其次,性能优异、廉价的 GPU 为深层结构的快速学习提供了计算保障;再次,对比散度、逐层贪心无监督学习、堆叠自编码器等一系列算法的出现促进了深度学习的发展。

7.2　深度学习模型

经过 10 余年的发展,多种深度学习模型被提出并得到广泛引用。本节简要介绍深度信念网络、卷积神经网络、长短时记忆、对抗生成网络等几类模型,让初学者初步理解深度学习的基本概念和方法,为将来进一步的深入学习打下基础。

7.2.1　深度信念网络

深度信念网络(Deep Belief Network,DBN)的提出开启了深度学习的发展闸门,也掀起了人工神经网络的第三次发展高潮。

DBN 是由多层受限玻尔兹曼机(Restricted Boltzmann Machine,RBM)堆叠而成的多层神经网络,每两层构成一个 RBM,如图 7-3 所示。DBN 的训练由两个阶段构成。第一阶段是从输入层开始,对构成深层网络络的 RBM 逐层进行无监督学习,确定所有参数的初始值,该过程被称为预训练;和传统 BP 算法的随机初值相比,该初始值蕴含了对前一层的特征表征,高层特征由底层特征抽象而来,是关于特征的特征,因此更接近于参数的理论值。第二阶段的学习采用有监督学习,通过 BP 算法,进一步优化无监督学习阶段得到的参数,由于第一阶段的学习,该阶段只需要进行少量修正即可使模型收敛。

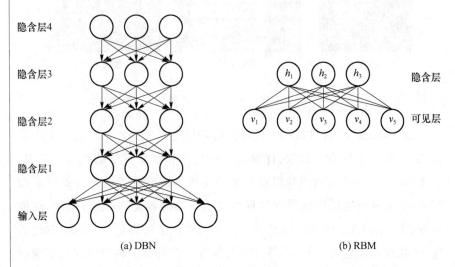

图 7-3 深度信念网络(DBN)与受限玻尔兹曼机(RBM)

RBM 是一个施加了限制的玻尔兹曼机,该模型克服了玻尔兹曼机训练效率低、难以计算其确切分布等问题。RBM 由可见层(即输入层)和隐含层两层构成,分别用 $V=\{v_1, v_2, \cdots, v_m\}$ 和 $H=\{h_1, h_2, \cdots, h_n\}$ 表示,可见层和隐含层构成一个二部图,层内无连接,层间全连接,如图 7-3(b)所示。可见节点和隐含节点构成的随机变量 $\{V, H\}$ 的取值为 $\{v, h\}\in\{0, 1\}^{m+n}$;$V$ 和 H 之间的反馈通过连接的权重体现,w_{ij} 代表 h_i 和 v_j 之间的连接权重,取实数值。

和霍普菲尔德网络、玻尔兹曼机一样,RBM 也是能量模型,其能量函数定义为

$$E(v,h) = -\sum_{i=1}^{n}\sum_{j=1}^{m} h_i w_{ij} v_j - \sum_{j=1}^{m} b_j v_j - \sum_{i=1}^{n} c_i h_i \tag{7-1}$$

其中,b 和 c 分别是可见节点和隐含节点的偏置。随机变量 (v,h) 服从 Gibbs 分布,即

$$P(v,h) = \frac{1}{Z} e^{-E(v,h)} \tag{7-2}$$

其中 Z 是配分函数,

$$Z = \sum_{v}\sum_{h} e^{-E(v,h)} \tag{7-3}$$

可见节点和隐节点激活的概率分别为

$$P(v_j = 1 \mid h) = \sigma(\sum_{i=1}^{n} w_{ij} h_i + b_j) \qquad (7\text{-}4)$$

和

$$P(h_i = 1 \mid v) = \sigma(\sum_{j=1}^{m} w_{ij} v_j + c_i) \qquad (7\text{-}5)$$

其中,$\sigma(x) = 1/(1 + e^{-x})$ 是 sigmoid 函数,作为每个节点的激活函数。

因此,可见层对于隐含层的条件概率为

$$P(v \mid h) = \prod_{j=1}^{m} P(v_j \mid h) \qquad (7\text{-}6)$$

RBM 训练的目标就是求解可见节点的概率分布 $P(v)$ 的最似然估计 $P(v|h)$,可以通过 Gibbs 采样——一种特殊的马尔科夫链蒙特卡洛策略采样——实现。目前一般采用对比散度(Contrastive Divergence,CD)算法及其变体,该算法极大提升了训练的效率。

DBN 首先将输入层和第一个隐含层作为一个 RBM 进行无监督学习,该 RBM 收敛后,再将第一和第二层隐含层组成一个 RBM 进行训练,如此逐层进行,直至最后一个隐含层,完成预训练。然后,以输出层为分类输出,进行有监督学习,通过 BP 算法对所有参数微调优化,完成整个 DBN 的训练。

DBN 一经提出,就引起了广泛关注,被应用于图像识别、信息检索、自然语言理解、故障预测等不同领域。

7.2.2　卷积神经网络

虽然预训练使得深层网络的有监督学习变得容易,并且在此之前,卷积神经网络(Convolution Neural Network,CNN)已经致力于深层网络的有监督学习,并取得了较好的效果,但受制于数据集的规模和计算能力的限制,并未取得显著优势。随着深度学习的提出、数据集规模的增大以及基于 GPU 的计算能力的大幅提升,CNN 已经成为模式识别等系统的核心技术。

1959 年,神经科学家提出猫的初级视觉皮层中神经元的感受野的概念,即单个神经元所反应的一定范围的输入刺激区域。以视觉为例,直接或间接影响某一特定神经细胞的光感受器细胞的全体为该特定神经细胞的感受野;视觉感受野往往呈现中心兴奋、周围抑制或者中心抑制、周围兴奋的同心圆结构。1980 年,福岛邦彦在感受野概念的基础上提出了"神经认知"模型用于模式识别任务,该模型是一种层次化的多层人工神经网络。1998 年,Yann LeCun 等人提出了基于梯度学习的 CNN 算法,用于处理手写数字识别问题,并成功应用于美国邮政系统中。

卷积是通过两个函数 f 和 g 生成第三个函数的一种数学算子,表征函数 f 与 g 经过翻转和平移的重叠部分函数值乘积对重叠长度的积分,记为 $(f*g)(x)$。对于离散情形,定义 f 和 g 的卷积 $y(x)$ 为

$$y(x) = (f*g)(x) \triangleq \sum_{t=-\infty}^{\infty} f(t)g(x-t) \tag{7-7}$$

在信号处理、图像处理、机器视觉中,卷积的目的是从输入中提取有用的特征,其中输入用 f 代表,系统特征的提取用 g 代表,称为卷积核(亦即滤波器)。卷积核不同,提取的特征不同,例如横向或纵向边缘等。卷积就是将输入和卷积核求内积,从而获得新的输出的过程。图 7-4 所示为对一幅二值图像进行卷积操作的过程,其中卷积核的大小为 3×3,是横向 Sobel 滤波器,用于实现边缘检测。如果是灰度图,像素亮度值可以为 0~255;如果是彩色图,则输入可以由 R、G、B 三个分量组成。

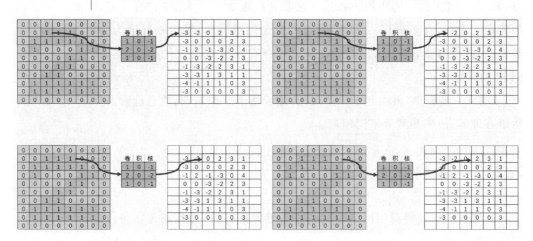

图 7-4 卷积的执行过程(前 4 步操作)

在 CNN 中,卷积核可能是颜色、边缘、形状、纹理等不同基本模式的滤波器,其参数是通过训练得到的。通常,是将输入按照卷积核的大小交予下一层的卷积对应的神经元,输出即为卷积输出。为了节省计算量,同一卷积核中的输入共享相同的权重。

特征往往拥有平移和标度不变性,因此在 CNN 中对空间位置相邻的特征(一般是卷积层的输出)选取最大值或平均值作为输出,从而实现降维处理,该过程由池化(Pooling)层完成。池化层不需要参数学习。CNN 中,卷积层和池化层可以交替出现多层,形成深层结构,底层的特征逐渐

形成高层的概念。

CNN 的目的是分类,因此在 CNN 最顶层有一个全连接层,将学到的特征映射到样本的标记空间,其输出对应所有分类类别。图 7-5 所示为一个完整的 CNN 的结构图,从图中不难看出网络的结构和各层的作用。该示例中,有两组卷积和池化层,卷积核采用 5×5 大小,池化核采用 2×2 大小,然后有两个全连接层(隐单元分别为 768 个和 500 个)实现特征扁平化,为分类做准备,最后是有 10 个类别的输出层。

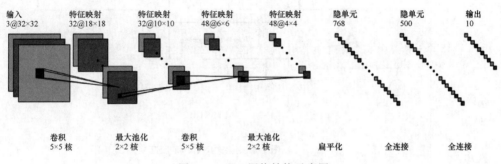

图 7-5　CNN 网络结构示意图

(使用 https://github.com/gwding/draw_convnet 工具绘制)

目前,CNN 在图像识别、目标检测等不同领域使用非常广泛,有多种模型被提出,比如 LeNet、AlexNet、VGG 和残差网络等,读者可以继续深入探索。

7.2.3 长短时记忆

长短时记忆(Long Short-Term Memory,LSTM)是由 Hochreiter 和 Schmidhuber 在 1997 年提出的一种 RNN 网络。和传统的 RNN 比较,LSTM 解决了长序列训练过程中的梯度消失和梯度爆炸问题,能够在更长的序列中有优异的表现,在语音识别、图片描述、自然语言处理等许多领域中被成功应用。

图 7-6(a)和(b)分别是传统 RNN 和 LSTM。虽然 LSTM 拥有和传统 RNN 相同的重复链式结构,但每个节点的结构却要复杂得多。传统 RNN 每个节点只有一个 tanh 层,将前一个节点的输出和当前节点的输入拼接作为 tanh 的输入,tanh 的输出即为节点的输出。LSTM 的重复模块(称为元胞)中有 4 个神经网络层,并且它们之间的交互非常特别。

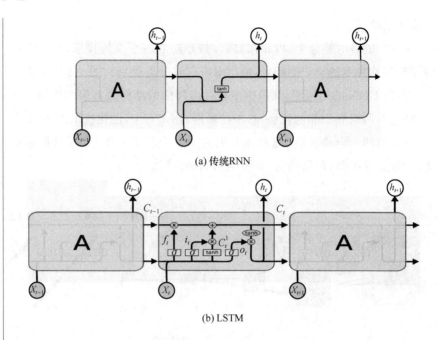

(a) 传统RNN

(b) LSTM

图 7-6 传统 RNN 和 LSTM

LSTM 的关键是元胞状态（C_t），由图中横穿整个链结构的元胞上部的水平线表示，该状态只参与一些规模较小的线性计算，适合在节点间传递变化很小的信息，这就是长时记忆。

LSTM 能够从元胞删除或向元胞状态添加信息，这是由称为门的结构控制的。门由 sigmoid 神经网络层和逐元素相乘运算（即矩阵 Hadamard 乘积）实现，可以有选择地让信息通过。

LSTM 的第一个门是由 sigmoid 层实现的遗忘门，用于决定要从输入的元胞状态 C_{t-1}（长时记忆）中丢弃什么信息。

下一步是决定要在元胞状态中记住（或者存储）什么新信息。首先，名为输入门层的 sigmoid 层决定要更新哪些值；tanh 层创建一个新的候选值向量，可以添加到状态中。然后，将这两者结合起来以创建对状态的更新，具体通过 $C_t = f_t \cdot C_{t-1} + i_t \cdot C_t'$ 实现。

最后，需要决定节点的输出，该输出既基于元胞状态，又经过一定的过滤。首先，通过运行一个 sigmoid 层决定要输出元胞状态的哪些部分。然后，通过 tanh 将其乘以 sigmoid 门的输出，从而得到输出 $h_t = o_t \cdot \tanh(C_t)$。

7.2.4 对抗生成网络

对抗生成网络(Generative Adversarial Network,GAN)是由 Goodfellow 在 2014 年提出的一种深度生成模型。判别模型和生成模型是机器学习中的两种不同模型。判别模型是学习某种分布下的条件概率 $P(y|x)$——在特定 x 条件下 y 发生的概率;在分类问题中,x 可以代表特征,y 代表标记。常见的判别模型有 K 近邻、感知机、决策树、Logistic 回归、最大熵模型、SVM 等。而生成模型要学习的是联合概率分布 $P(x,y)$——即特征 x 和标记 y 同时出现的概率,分类问题中可以利用 $P(x|y)P(y)/P(x)$ 求条件概率分布 $P(y|x)$;由于 $P(x,y)=P(x|y)P(y)$ 对每一类情况的分布都进行了建模,所以生成模型能够学习到数据生成的机制。常见的生成模型有朴素贝叶斯、隐马尔可夫模型、混合高斯模型、RBM 等。

GAN 由两个网络组成:一个生成器网络和一个判别器网络,这两个网络可以是 CNN、RNN 等神经网络。生成器网络以随机的噪声作为输入,试图生成样本数据。判别器网络是一个二分类器,以真实数据或者生成数据作为输入,试图预测当前输入是真实数据还是生成数据。GAN 的基本结构如图 7-7 所示。

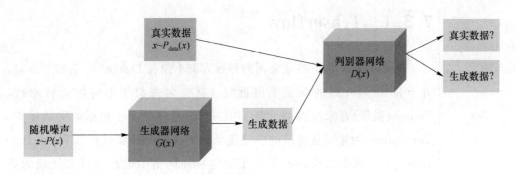

图 7-7 GAN 结构示意图

GAN 中两个网络开展竞争,试图超越对方,同时,帮助对方完成自己的任务。二者是一种零和博弈思想,博弈双方的利益之和是一个常数。以图像生成为例,训练生成器网络就是使其能够欺骗判别器网络;因此随着训练的进行,它能够逐渐生成越来越逼真的图像,甚至达到以假乱真的程度,以致判别器网络无法区分二者。同时,判别器网络也在不断提升其"鉴伪"能力,为生成图像的真实性设置了很高的标准。经过数千次迭代后,生成器网络可以生成逼真的假图像,而判别器网络在判别输入真伪方面也变得更加完美。一旦训练结束,生成器就能够将其输入空间中的任何点转换为一张真实可信的图像。

GAN 有许多实际的用例,比如图像生成、艺术品生成、音乐生成和视频生成。此外,它们还可以提高图像的质量,使图像风格化或上色,生成人脸,还以执行许多更有趣的任务。

7.3 深度学习主要开发框架

深度学习一经提出,不仅由于其理论优势而引起学术界的广泛关注,也因为其优异的性能而得到产业界的高度重视,一大批潜在应用——尤其是大规模的应用——需要被开发。为了降低深度学习应用开发的学习曲线,提高开发效率,提升相应应用的软件质量,学界和业界开发了多个深度学习开发框架供开发者使用,这些框架由相应的深度学习相关软件库、编译解释环境和集成开发环境构成。目前的框架有 Tensorflow、PyTorch、Caffe/Caffe 2、飞桨(PaddlePaddle)、Keras、Deeplearning4j、Mxnet、CNTK 和 Theano 等。以下着重介绍 Tensorflow、PyTorch 与Caffe/Caffe 2、飞桨(PaddlePaddle)、Keras 等几种应用最广泛的框架。

7.3.1 Tensorflow

Tensorflow 是由谷歌公司的谷歌大脑小组在 DistBelief 基础上开发,并于 2015 年开源的深度学习框架。其命名来源于本身的运行原理:Tensor(张量)意味着 N 维数组,Flow(流)意味着基于数据流图的计算,Tensorflow 为张量从流图的一端流动到另一端的计算过程。Tensorflow是将复杂的数据结构传输至人工智能神经网络中进行分析和处理的系统。Tensorflow 拥有跨平台、多语言支持、自动求导等诸多优点。

(1)跨平台性。Tensorflow 可以运行在服务器、台式机甚至移动设备等不同硬件平台,同时支持 CPU 和 GPU 并行运行,支持 Linux、Mac OS X 和 Windows 等不同操作系统。

(2)多语言支持。Tensorflow 基于 C++和 Python 开发,既有 C++开发界面,也有易用的 Python 使用界面,既可以帮助用户开发 Python、C/C++、Java、Go 程序,也可以用交互式的 IPython 环境来使用Tensorflow。

（3）装配式的灵活开发。借助数据流图的思想，开发者可以构建描写驱动计算的内部循环的数据流图，并组装"子图"（常用于神经网络），甚至开发自己的上层的功能库。

（4）自动求导。梯度下降算法在深度学习中被广泛采用。开发者将预测模型的结构和目标函数结合在一起，添加数据后，Tensorflow 将自动计算相关的微分导数，直接供梯度下降算法使用。

（5）性能优化。Tensorflow 给予了线程、队列、异步操作等以最佳的支持，可以将硬件的计算潜能最大限度地发挥出来。开发者可以将数据流图中的计算元素分配到不同设备上，Tensorflow 可以管理好这些不同副本。

Tensorflow 是目前应用最广泛的深度学习框架，学生、研究人员、工程师、开发者等不同的人都可以在 Apache 2.0 开源协议下使用它。使用 Tensorflow 不仅可以让应用型研究者将想法迅速运用到产品中，也可以让学术性研究者更直接地彼此分享代码，从而提高科研产出率。

7.3.2 PyTorch 与 Caffe 2

PyTorch 是由 Facebook 人工智能研究院（FAIR）于 2017 年基于 Torch 推出的一个开源的 Python 机器学习库。类似于 Tensorflow，它也提供强大的 GPU 加速张量计算能力和包含自动求导系统的深度神经网络。

Caffe 是由 Berkeley 视觉与学习中心（BVLC）和社区贡献者开发的开源深度学习框架，项目创建者为贾扬清。Caffe 支持 C/C++、Python、Matlab 接口以及命令行接口，其突出特点是模块化、表示与实现分离，训练的库可供开发者直接使用，同样也支持 GPU 加速。Caffe 2 是 Caffe 的后继版本，2017 年由 Facebook 发布。在保有扩展性和高性能的同时，Caffe 2 强调了便携性，可以在 Linux、Windows、iOS、Android、树莓派等平台上进行原型设计、训练和部署。当 GPU 可用时，Caffe 2 可以轻易地实现高性能、多 GPU 加速训练和推理。

PyTorch 有优秀的前端，Caffe 2 有优秀的后端。同时，FAIR 有超过一半的项目在使用 PyTorch，而产品线全线又在使用 Caffe 2，所以为了进一步提高开发者的开发效率，Facebook 于 2018 年将 Pytorch 和 Caffe 2 进行了合并。

7.3.3 飞桨

飞桨（PaddlePaddle，PArallel Distributed Deep LEarning）是百度在多年深度学习技术研究和业务应用的基础上开发的深度学习平台，具有易用、高效、灵活和可伸缩等特点。飞桨于 2016 年全面开源，是国内第一个开源深度学习开发框架。

飞桨框架的核心技术主要体现在前端语言、组网编程范式、核心架构、算子库以及高效率计算核心等五个方面。

（1）前端语言。为了方便用户使用，飞桨选择 Python 作为模型开发和执行调用的主要前端语言，并提供了丰富的编程接口 API。同时为了保证框架的执行效率，飞桨底层实现采用 C++。对于预测推理，为方便部署应用，则同时提供了 C++和 Java API。

（2）组网编程范式。飞桨中同时兼容命令式编程（动态图）与声明式编程（静态图）两种编程范式，以程序化"Program"的形式动态描述神经网络模型计算过程，并提供对顺序、分支和循环三种执行结构的支持，可以组合描述任意复杂的模型，并可在内部自动转化为中间表示的描述语言。而命令式编程，相当于将"Program"解释执行，可视为动态图模式，更加符合用户的编程习惯，代码编写和调试也更加方便。

（3）核心架构。飞桨核心架构采用分层设计，自上而下分别为Python 前端、框架内核、内部表示和异构设备四层。前端应用层考虑灵活性，采用 Python 实现，包括了组网 API、I/O API、Optimizer API 和执行API 等完备的开发接口；框架底层充分考虑性能，采用 C++来实现。框架内核部分主要包含执行器、存储管理和中间表达优化；内部表示包含网络表示、数据表示和计算表示几个层面。框架向下对接各种芯片架构，可以支持深度学习模型在不同异构设备上的高效运行。

（4）算子库。飞桨算子库目前提供了 500 余个算子，并在持续增加，能够有效支持自然语言处理、计算机视觉、语音等各个方向模型的快速构建。算子库覆盖了深度学习相关的广泛的计算单元类型，如多种循环神经网络 RNN、多种 CNN 及相关操作，如深度可分离卷积、空洞卷积、可变形卷积、感兴趣域池化及其各种扩展、分组归一化、多设备同步的批归一化。算子库还涵盖多种损失函数和数值优化算法，可以很好地支持自然语言处理的语言模型，阅读理解，对话模型，视觉的分类，检测，分割，生成，光学字符识别，OCR 检测，姿态估计，度量学习，人脸识别，人脸检测等各类模型。飞桨的算子库除了在数量上进行扩充之外,还在功能性、易用性、便捷开发上持续增强。例如针对图像生成任务,支持生成算法中的梯度惩罚功能,即支持算子的二次反向能力;而对于复杂网络的搭建,将会提供更高级的模块化算子,使模型构建更加简单的同时也能获得更好的性能;对于创新型网络结构的需求,将会进一步简化算子的自定义实现方式,支持 Python 算子实现,对性能要求高的算子提供更方便的、与框架解耦的 C++ 实现方式,可使得开发者快速实现自定义的算子,验证算法。

(5) 高效率计算核心。飞桨通过对核心计算进行优化,提供高效的计算核心。首先,飞桨提供了大量不同粒度的算子实现,细粒度的算子能够提供更好的灵活性,而粗粒度的算子则能提供更好的计算性能。其次,飞桨通过提供人工调优的核函数实现和集成不同供应商的优化库来提供高效的核函数。例如针对 GPU 平台,飞桨既为大部分算子用 CUDA C 实现了经过人工精心优化的核函数,也集成了 cuBLAS、cuDNN 等供应商库的新接口、新特性。

7.3.4 Keras

Keras 是一个高级的神经网络 API,用 Python 编写,能够运行在 TensorFlow、CNTK 或 Theano 等深度学习框架之上,可以作为这些框架的前端 API 使用。Keras 本身不做低级操作,比如张量积和卷积,它依赖于一个后端引擎。尽管 Keras 支持多个后端引擎,但它的主要(默认)后端是 TensorFlow。其开发重点是实现快速实验,能够在最短的时间内完成从想法到结果的转变。

Keras 拥有用户友好、模块化、易于扩展和使用 Python 等特点。用户友好使得该框架易于学习、易于建模。模块化有利于将神经网络层、代价函数、优化器、初始化方案、激活函数和正则化方案方便地组合起来,并作为创建新模型的独立模块。添加新的模块也很简单,就像添加新的类和函数一样。模型是在 Python 代码中定义的,而不是单独的模型配置文件。

此外,Keras 还拥有支持多种生产部署选项、与至少五个后端引擎(Tensorflow、CNTK、Theano 等)集成以及支持多 GPU 和分布式训练等诸多优点。Keras 的主要支持者是谷歌,还得到了微软、亚马逊、苹果、英伟达、优步等公司的支持。

7.4 深度学习的应用

经过近十年的飞速发展,深度学习已经被广泛应用于计算机视觉、语音与自然语言处理等各个领域,并向更广阔的领域延伸,这里介绍一些常见应用场景。

7.4.1 计算机视觉

计算机视觉涉及计算机使用图像、视频等数据来了解我们周围世界的算法和技术,换句话说,就是教机器自动化人类视觉系统执行的任务。常见的计算机视觉任务包括图像分类、图像和视频中的目标检测、图像分割和图像恢复等。近年来,深度学习已经用算法在计算机视觉领域掀起了一场革命,这些算法可以在上述任务中提供超越人类的准确性。

7.4.2 语音与自然语言处理

自然语言处理涉及计算机理解、解释、操作以及与人类语言对话的算法和技术。自然语言处理算法可以处理音频和文本数据,并将它们转换成音频或文本输出。常见的自然语言处理任务包括情绪分析、语音识别、语音合成、机器翻译和自然语言生成。深度学习算法使自然语言处理模型端到端的训练成为可能,而不需要从原始输入数据手工设计特性。

7.4.3 推荐系统

推荐系统是一种有效的信息过滤工具。由于互联网接入的增加、个性化趋势和计算机用户习惯的改变等因素,推荐系统变得越来越流行。常见的应用包括电影、音乐、新闻、书籍、搜索查询和其他产品的推荐。推荐系统基于用户行为属性,从其他可能性中为特定产品或项目提供评级或建议。尽管现有的推荐系统能够成功地生成像样的推荐,但它们仍然面临着准确性、可伸缩性和冷启动等挑战。在过去的几年里,深度学习被用于推荐系统以提高推荐的质量。例如使用通过模仿人类的视觉能力的深度学习方法仅处理电影海报，即可建立一个直观、有效的电影推荐系统。

7.4.4　自动驾驶

自动驾驶无疑是近年来最热门的技术之一。由于汽车行业的特殊性，其对安全性、可靠性的要求近乎苛刻，因此对传感器、算法的准确性和稳健性有着极高的要求。但为了控制成本，又不能一味提高传感器精度。CNN 等深度学习技术非常适用于无人驾驶领域，其训练测试样本可以从廉价的摄像机中获取，从而使用摄像机取代雷达达到降低成本的目的。自动驾驶系统中，深度学习技术的高准确性必将促进目标检测、立体匹配、多传感器融合、高精度地图生成和核心控制等多方面的性能。

7.4.5　风格迁移

深度学习不仅仅可以在技术和工业领域发挥巨大作用，在文化艺术领域也有巨大的创造潜力，风格迁移就是典型的例子。

以图像处理为例，图像风格迁移算法首先通过指定一幅输入图像作为基础图像（内容图像）和另一幅或多幅图像作为希望得到的图像风格（风格图像），算法在保证内容图像的结构的同时，将图像风格进行转换，使得最终输出的合成图像呈现出输入图像内容和风格的完美结合。图像的风格包含了丰富的含义，可以是指图像的颜色、纹理和画家的笔触，甚至是图像本身所表现出的某些难以言表的成分。受到深度神经网络在大规模图像分类上的优异性能的启发，借助其强大的多层次图像特征提取和表示能力，不同的图像风格可以被高效提取和迁移。图 7-8 所示的就是一个图像风格迁移的例子，以图 7-8(a)为内容图像，图 7-8(b)(星空)为风格图像，利用深度学习，即可生成图 7-8(c)的迁移结果。

(a) 内容图像

(b) 风格图像

(c) 风格迁移结果

图 7-8　图像风格迁移示例

7.5　深度学习的展望

作为 21 世纪前 20 年最活跃、影响最广泛的技术之一，深度学习仍将持续快速发展，这些发展主要体现在以下几方面。

深度学习的应用会越来越广泛、越来越深入。首先，深度学习的应用领域会越来越广泛。除了上一节中列出的应用之外，深度学习在教育、金融、医学、能源、制造业等不同产业以及生物、化学、物理等传统学科都将得到更深入的应用。其次，大多数应用程序将包括机器学习或者深度学习。机器学习将成为几乎所有软件应用程序的一部分，这些功能直接嵌入我们的设备中，个性化变得无处不在，并改善无处不在的客户体验。再次，深度学习作为一种服务将变得更加普遍。随着机器学习变得越来越有价值，技术也逐渐成熟，越来越多的企业将开始使用云来提供机器学习作为一项服务，这将允许更广泛的组织利用机器学习，而无须进行大量硬件投资或训练自己的算法。

深度学习技术本身将得到进一步发展。首先,算法将实现持续训练。目前,大多数机器学习系统只训练一次。根据初始训练,系统将处理任何新的数据或问题。随着时间的推移,训练信息往往过时或不完善。在不久的将来,更多的机器学习系统将连接到互联网,并不断重新训练最相关的信息。其次,专用硬件将带来性能突破。仅传统 CPU 在运行机器学习系统方面的成功就有限。但是,GPU 在运行这些算法时具有优势,因为它们具有大量简单的内核。AI 专家还使用现场可编程门阵列(FPGA)进行机器学习。有时,FPGA 甚至可以优于 GPU。随着专用硬件的不断改进和越来越经济实惠,越来越多的组织将访问功能日益强大的计算机。底层硬件的这些改进将在 AI 的所有领域(包括机器学习)实现突破。

深度学习与认知理论将相互促进。首先,知识表示和学习的认知智能需要进一步深入研究。知识是人类通过大量生活中的数据总结出的一些规律,是经过人脑深度加工所形成的,支持直觉、顿悟等深度认知任务。知识可以弥补数据的缺失和不足。其次,多模态信息融合的深层次认知理论有助于促进深度学习的发展。表征学习是人工智能实现飞速发展的重要因素。但是,目前的表征学习还集中在单模态数据,构建跨模态表征学习机制是实现新一代人工智能的重要环节。人类的认知能力是建立在视觉、听觉、语言等多种感知通道协同基础上的,这种融合与协同能够有效地避免单一通道的缺陷与错误,从而实现对世界的深层次认知。未来的方向是借鉴生物对客观世界的多通道融合感知背后所蕴藏的信号及信息表达和处理机制,对世界所蕴含的复杂机理进行高效、一致表征,提出对跨越不同媒体类型数据进行泛化分析的基础理论、方法和技术,模拟超越生物的感知能力。

7.6 本章小结

深度学习是人工智能在近年来发展最迅速的子领域之一。本章首先回顾了深度学习的历史;然后着重介绍了几种应用广泛的深度学习模型,包括 DBN、CNN、LSTM 和 GAN;深度学习框架是深度学习开发最主要的工具,因此接下来介绍了目前应用最广的 Tensorflow、Pytorch、Caffe/Caffe 2、飞桨和 Keras 等几种框架;最后简要介绍了深度学习的主要应用,并对深度学习进行了展望。

习　题

1. 什么是深度学习？

2. 什么是预训练？简述 DBN 的训练过程。

3. 请说明 CNN 的基本组成结构及各部分的作用。

4. 请说明 LSTM 和 普通 RNN 的区别。

5. 请说明 GAN 的基本工作原理。

6. 请说明深度学习开发框架的作用。目前常见的深度学习框架有哪些？各自有什么特点？

参 考 文 献

[1] 王万良. 人工智能导论[M]. 4 版. 北京:高等教育出版社,2017.

[2] Stuart J Russell. 人工智能——一种现代的方法[M]. 殷建平, 译. 3 版. 北京:清华大学出版社,2013.

[3] 李航. 统计学习方法[M]. 北京:清华大学出版社,2012.

[4] Wes McKinney. 利用 Python 进行数据分析[M]. 唐学韬,译. 北京:机械工业出版社,2013.

[5] Gavin Hackeling. Scikit-learn 机器学习[M]. 张浩然,译. 北京:人民邮电出版社,2019.

[6] 史春奇,卜晶祎,施治平. 机器学习背后的理论与优化[M]. 北京:清华大学出版社,2019.

[7] Ian Goodfellow, Yoshua Bengio, Aaron Courville. 深度学习[M]. 赵申剑,黎彧君,等,译. 北京:人民邮电出版社,2017.

[8] 魏秀参. 解析深度学习:卷积神经网络原理与视觉实践[M]. 北京:电子工业出版社,2018.

[9] Kuntal Ganguly. GAN:实战生成对抗网络[M]. 刘梦馨,译. 北京:电子工业出版社,2018.

[10] Yoshua Bengio. 人工智能中的深度结构学习[M]. 俞凯,吴科, 译. 北京:机械工业出版社,2017.

[11] 申泽邦,雍宾宾,周庆国,等. 无人驾驶原理与实践[M]. 北京:机械工业出版社,2019.

[12] Tensorflow 社区. Tensorflow 文档[EB/OL]. [2019-12]. https://tensorflow. google. cn/.

［13］ PyTorch 社区. PyTorch 文档［EB/OL］.［2019-12］. https：//pytorch. org/.

［14］ Caffe 社区. Caffe 文档［EB/OL］.［2019-12］. https：//caffe2. ai/.

［15］ 百度. 飞桨开发文档［EB/OL］.［2019-12］. https：//www. paddlepaddle. org. cn/.

［16］ Keras 社区. Keras 文档［EB/OL］.［2019-12］. https：//keras. io/.

［17］ 孟海华. 深度学习的发展脉络和方向［J］. 张江科技评论，2019(4)：61-63.